KUTSCHEN

CADMOS
PFERDEBÜCHER

Das Gespannfahren beinhaltet ein kulturelles Vermächtnis, das es zu pflegen gilt. (Wolfgang Binder, Pircha bei Gleisdorf)

KUTSCHEN

Vom römischen Reisewagen zum modernen Marathonwagen

Eine Kulturgeschichte

Hans A. Krasensky

CADMOS
PFERDEBÜCHER

Layout und Satz: Ravenstein + Partner, Verden
Fotos: Sybille Rabeder und Peter Ortner / Österreich
außer S. 6, 8, 11c/d, 12, 13, 20, 22, 23, 24, 25a, 32a, 34, 51c, 52a, 57b, 58, 61, 62, 65
Zeichnungen: Sandra Rust
Titelfoto: Kunsthistorisches Museum Wien / Wagenburg Schönbrunn
Druck: Westermann Druck, Zwickau

Printed in Germany
ISBN 3-86127-399-3

Inhalt

Zu Beginn

Das Gespannfahren hat seit der Einführung des FEI-Fahrsports (FEI ist die Abkürzung für Fédération Equestre Internationale, des internationalen Reisportverbandes in Lausanne) eine ungeahnte Entwicklung genommen. Neben den ersten internationalen Fahrbewerben, die vierspännig ausgetragen wurden, sind heute sowohl zweispännige als auch einspännige internationale Wettkämpfe gang und gäbe. Das Gespannfahren ist jedoch nicht nur Sport, es beinhaltet auch ein kulturelles Vermächtnis, das erst in letzter Zeit wieder belebt wurde. Wissende haben dieses Kulturgut während vieler Jahre trotz widriger Umstände gepflegt und für die heutige Zeit erhalten.

Ich hatte die außerordentliche Gelegenheit, dieses Kulturgut bei einigen herausragenden Persönlichkeiten kennen zu lernen und verinnerlichen zu können. Der legendäre Landstallmeister **Armin Holzrichter** in Dillenburg hat es verstanden, mir bereits in jungen Jahren die Augen für die Gespannkultur zu öffnen und mir gleichzeitig eine gediegene Fahrausbildung am Gespann zu ermöglichen. Die barocke Anlage des Hessischen Landgestütes mit seinen edlen Hengsten einerseits und die dortige Kutschensammlung andererseits haben mich für mein Leben nachhaltig geprägt. Einige Jahre später durfte ich Hofrat **Dr. Heinrich Lehrner** kennen lernen. Mit Dankbarkeit erinnere ich mich auch heute noch an die vielen gemeinsamen Gespräche über die Ausbildung von Pferden, die Anspannungsarten, die Grifftechniken beim Viererzugfahren und vieles mehr, die mir das Rüstzeug für mein berufliches Wirken mitgaben.

Dieses Buch möge dem Leser einen Querschnitt durch die europäische Kutschenentwicklung geben. Wenn es damit gelingt, einen erweiterten Kreis interessierter Menschen für die Gespannkultur zu begeistern, hat das Buch seinen Zweck erfüllt.

Hans A. Kasensky

DAS PFERD UND DIE KUTSCHE
im Licht der Jahrtausende

Das Pferd tritt auf dem Planeten Erde vor circa 60 bis 70 Millionen Jahren in Erscheinung. Es ist ein Lebewesen, das zu jener Zeit nur 25 bis 45 Zentimeter groß ist und in Nordamerika, dem heutigen Kanada und Alaska lebt. Es ernährt sich ausschließlich von Blättern. Über die damals noch bestehende Landverbindung, die Beringstraße, kommen diese Pferdevorfahren schließlich auch nach Europa. Aus dem katzen- beziehungsweise fuchsartigen Waldtier entwickelt sich hier im Laufe der Zeit ein Einzeher, ein Gras fressendes Steppentier, das in Herden lebt und zunächst die weiten Ebenen Asiens bevölkert. In Amerika stirbt das Urpferd im Laufe der Jahrhunderte aus. Pferde werden dort erst wieder mit der Entdeckung und Eroberung des Kontinents durch die Spanier heimisch. Von den Steppen Asiens aus wird der europäische Raum für das Pferd der Lebensraum schlechthin.

Vor rund 8.000 Jahren wurde das Pferd durch den Menschen zum ersten Mal vor einen Wagen gestellt und eingespannt. Von diesem Zeitpunkt an sollte es allerdings noch einige tausend Jahre dauern, bis das Pferd auch als Reittier Verwendung fand.

Die epochale Erfindung des Rades gab der Menschheit die Möglichkeit, in jeder Form beweglich zu werden. Ortsveränderungen waren plötzlich in einem Umfang möglich, der bis zu diesem Zeitpunkt undenkbar gewesen war. Könige und Kaiser der asiatischen Völker benutzten diese Möglichkeit, um mit glänzend ausgestatten Streitwagen die Nachbarreiche zu erobern. Bald setzte eine Völkerwanderung in die fruchtbaren Gebiete des Mittelmeerraumes ein, die in dem uns überlieferten Umfang ohne Pferd und Wagen unmöglich gewesen wäre. Die Pharaonen Ägyptens ließen Streitwagen entwerfen, die später im Römischen Reich als Quadrigen besondere Bedeutung erlangen sollten.

In Griechenland sind uns aus verschiedenen Epochen Darstellungen von Wagen überliefert. Das erste Wagenschriftbild auf den Schrifttafeln von Thylissos (1660–1500 vor Christus) stellt einen vierrädrigen Wagen dar, wiewohl die meisten späteren Abbildungen von Fahrzeugen Zweiradwagen zeigen. Diese finden sich häufig auf Grabtafeln, Sarkophagen, Amphoren und Schrifttäfelchen. Auch Damenausfahrten im Zweiradwagen gezogen von geflügelten Pferden wurden dargestellt. Zweiradwagen hat man im antiken Griechenland sowohl für die Jagd als auch für den Kampf verwendet. Mit dem rechteckigen Grundrahmen diente der Zweiradwagen auch als Sitzwagen. Ton- und Bronzemodelle von verschiedenen Wagentypen sind ebenfalls erhalten und zeigen die Vielfalt der bereits bekannten Wagenmodelle. Erwähnt muss in diesem Zusammenhang der Name Xenophon werden. In Athen um 430 vor Christus geboren (gestorben nach 355 vor Christus in Korinth oder Athen), ist er der erste uns überlieferte Verfasser einer Ausbildungslehre von Pferd und Reiter. Seine Schrift *Der Reiteroberst* gehört zur klassischen Literatur jedes Pferdemenschen.

Die Geschichte schweigt über die Errungenschaften der Etrusker, von denen die Römer sehr viele Techniken übernommen haben. Eines ist aber sicher: Aus den Funden, die im Etruskermuseum in Rom zu sehen sind, lässt sich erkennen, dass dieses Volk bereits bespannte Gefährte kannte, die auch für andere Zwecke als die Kriegsführung eingesetzt wurden.

Die Römer ihrerseits hatten bald ein großes Reich zu verwalten und investierten eine Menge an Energie und finanziellen Mitteln, um es durch aufwendige Verkehrswege zu erschließen. Die römischen Straßen mussten umfangreichen Truppenbewegungen und

Der prächtig ausgestaltete Innenraum des Imperialwagens des Wiener Hofes stammt aus der Blütezeit des Kutschenbaus in Europa, 1763 (Kunsthistorisches Museum Wien, Wagenburg Schönbrunn).

Nachschubtransporten ebenso gewachsen sein wie dem zunehmenden Handelsverkehr innerhalb der Provinzen und waren daher entsprechend großzügig dimensioniert. Die von den Römern angelegten Alpenübergänge sind heute noch die bevorzugten Straßen auf der Nord-Süd-Achse Europas. Reliefe aus dieser Zeit geben uns einen Eindruck von den für die Verwaltungsaufgaben verwendeten Transportmitteln.

In den folgenden Jahrhunderten gerieten die Errungenschaften der Römer zum Teil in Vergessenheit. Im Mittelalter wurden Wägen vornehmlich im lokalen Bereich genutzt. Bäuerliche Fuhrwerke und Transportfahrzeuge für den Handel waren weit verbreitet, hingegen waren Ritter und Verwaltungsbeamten ausschließlich zu Pferde unterwegs, daher wurde in dieser Zeit der Repräsentationsaspekt der Kutsche weitgehend vernachlässigt. Lediglich Frauen sowie alte, kranke und gebrechliche Personen beförderte man in Kutschen, soweit sie überhaupt längere Strecken zu absolvieren hatten, ansonsten wurde fast ausnahmslos geritten.

Erst um das Jahr 1600 begann man, die Kutschen mit Federungen auszustatten, um den Reisenden erstmals etwas Komfort zu bieten. Von diesem Zeitpunkt an schrieb die Weiterentwicklung des Kutschenbaues europäische Technik- und Kulturgeschichte. In der Folge wurden C-Federn, Elliptikfedern und heute sogar Luftfedern in Kutschen eingebaut: Das Bestreben war stets, den Fahrgästen eine möglichst bequeme Fahrt zu ermöglichen. Auch der Wagenbau selbst änderte sich grundlegend und trug zur komfortablen Beförderung der Passagiere bei.

Gleichzeitig ergab sich die Notwendigkeit der raschen Ortsveränderung aus den veränderten gesellschaftlichen Bedürfnissen. Waren es anfangs nur die Fürsten- und Herrscherhäuser, die Beweglichkeit benötigten, um ihre Herrschaftsbereiche abzusichern, kamen nun auch durch die Kreuzzüge entstandene Handelsströme hinzu. Der Händler wurde nun zum kommerziellen Kutschenbetreiber. Häuser wie Thurn und Taxis begannen zu gleicher Zeit mit den ersten Postbeförderungen. Dies betraf nicht nur den Transport von Poststücken, sondern auch die Beförderung von Personen.

Eine rege Reisetätigkeit setzte innerhalb Europas ein. Neue Wagentypen wurden dem Einsatzzweck entsprechend gebaut. Es entwickelten sich Zentren des Wagenbaues wie Paris, München, Rom, Wien und viele andere mehr. Mit diesen neuen Gegebenheiten entstanden auch eine ganze Reihe an neuen Berufsständen: Stellmacher, Kastenbauer, Wagner, Tapezierer, Bortenweber, Lackierer, Beschneider (Linierer) und selbstverständlich Sattler hatten ein weites Betätigungsfeld. Künstler wurden beauftragt Galakutschen mit Bildern zu versehen, man brachte Wappen der Herrscherhäuser, aber auch allegorische Darstellungen an den Kutschen an. Vor allem jene Fahrzeuge, die für repräsentative Zwecke gebaut und eingesetzt wurden, erhielten eine heute fast unbezahlbare Ausstattung. Feuervergoldete, ziselierte Fahrgestelle, prächtig ausgestattete Innenräume mit gestickten Borten und geschliffenen Gläsern in den Seitenwänden und Türen waren keine Seltenheit. Auch bei den Geschirren wurde ein erhöhter Aufwand betrieben: Vorzügliches Leder und vergoldete Beschläge waren bei Galabespannungen eine gesellschaftliche Notwendigkeit. Leinen, Sättel, Fahrzäume, Decken und so weiter waren aus erlesenen Stoffen gefertigt und oftmals mit Goldfäden bestickt. Diese Fahrzeuge stellen heute noch Raritäten dar, die in diversen Museen zu bewundern sind.

Mitte des 19. Jahrhunderts trat wieder eine bedeutende Wandlung im Kutschenbau ein, die ebenfalls auf gesellschaftliche Veränderungen zurückzuführen ist. Auch das aufstrebende Bürgertum wurde in dieser Zeit verstärkt zum Kutschenbesitzer und stellte ebenfalls Ansprüche an die Repräsentation.

Der Mylord war im 19. Jahrhundert bei Adel und aufstrebendem Bürgertum gleichermaßen beliebt (Kutschenmuseum Laa an der Thaya).

Kutschen hat man in jener Zeit stets in Manufakturen hergestellt und sie blieben daher immer Einzelstücke. Der Kunde bestimmte den Wagentyp, die Ausstattung, die Farbe und damit letztendlich das Aussehen seiner Kutsche. Kutschen waren immer Unikate, geprägt von der Persönlichkeit des Besitzers.

Auf den folgenden Seiten sei nun ein Querschnitt durch den Kutschenbau Europas gezeigt, wobei dies nur ein kleiner Ausschnitt aus der Vielfalt der Materie sein kann. Auch auf die heutigen Kutschen wird in der Folge eingegangen.

Dem Verwendungszweck entsprechend unterscheidet man hier zwischen Dressur- und Marathonkutschen, die im Sport Verwendung finden, Kutschen für den Freizeitbereich und solchen für Lehrzwecke.

Einfache Mittel, große Wirkung – DIE BÄUERLICHEN FAHRZEUGE

Die Landwirtschaft setzte Jahrhunderte hindurch das Pferd als Arbeitstier ein. Für die Feldarbeit in jeder Form, aber auch als Transporttier für Produkte war das Pferd neben dem Ochsen das Arbeitstier schlechthin.

Erst in den späten 50er-Jahren des 20. Jahrhunderts wurde es vom Motor abgelöst. Dies ging in den meisten Gegenden rapide vor sich und stellte im eigentlichen Sinn geradezu eine Kulturrevolution dar. Damit nahm auch das Wissen der Bevölkerung um das gesamte Pferdewesen in erschreckendem Tempo ab. Dort, wo die Eltern und Großeltern der jetzt aktiven Bauern noch zwei oder mehr Pferde im Stall hatten und neben sämtlichen Kenntnissen über Pferdeernährung, -haltung und -ausbildung auch noch über den gesamten Fuhrpark eines landwirtschaftlichen Betriebes verfügten, löste in den letzten 50 Jahren der Traktor mit seinen Nebengeräten die alte Tradition radikal ab und hinterließ bei vielen Landwirten nicht nur Unkenntnis, sondern geradezu einen Widerwillen, was Pferdewirtschaft im Allgemeinen betrifft. Erst in den letzten Jahren begann man sich wieder der alten Techniken und Gebräuche zu besinnen, jetzt jedoch in veränderter Form als Freizeitgestaltung für den gestressten Menschen aus dem städtischen Raum.

In der Landwirtschaft wurde von jeher eine Vielzahl an unterschiedlichsten Fahrzeugen eingesetzt, allesamt entwickelt, um dem Bauern seine tägliche Arbeit zu erleichtern. Jedes dieser Fahrzeuge hatte eine klar definierte Funktion und war ihr entsprechend einfach, aber zweckmäßig gefertigt, wobei manche davon vor allem der Bestellung der Felder dienten (Pflug, Egge und viele mehr) und daher nicht in die Kategorie der eigentlichen Kutschen einzuordnen sind. Viele der landwirtschaftlichen Nutzfahrzeuge jedoch waren sehr wohl als Kutschen zu bezeichnen, wovon einige typische Vertreter hier beschrieben werden.

DER LEITERWAGEN UND SEINE VARIATIONEN

Ein klassisches Beispiel eines bäuerlichen Fahrzeugs war und ist der Leiterwagen. Er war auf jedem Hof anzutreffen und kann als Prototyp eines landwirtschaftlichen Nutzfahrzeugs gesehen werden. Die beiden Achsen, Hinterachse und Vorderachse, sind durch einen Langbaum verbunden. Die Lenkung der Vorderachse erfolgt durch einen Scheibenkranz (Reibscheit) mit dem dazugehörigen Reibnagel, besser bekannt unter dem Begriff Königsbolzen. Dieser verbindet das Vordergestell mit dem Wagenkasten. Der Königsbolzen bildet die Achse, um die sich das Vordergestell des Wagens drehen kann, um damit eine Kurvenfahrt zu ermöglichen. Über den Königsbolzen wird darüber hinaus auch die Zugkraft vom Vorderwagen auf das Gesamtfahrzeug übertragen. Insofern stellt der Königsbolzen den entscheidenden Punkt des gesamten Wagens dar. Bricht der Königsbolzen während einer Fahrt, so befinden sich Fahrer, die Zugtiere und der Wagen in einer äußerst kritischen Situation! Er wurde und wird daher stets auf das Sorgfältigste gefertigt und sein Zustand penibel kontrolliert.

Der klassische Leiterwagen ist der Prototyp eines landwirtschaftlichen Nutzfahrzeugs. (Sammlung Martin Piffl, Heidenreichstein)

Mit einer Kurbelbremse konnte das Fahrzeug im Stehen fixiert werden. (Sammlung Martin Piffl, Heidenreichstein)

Kastenwagen
Foto: H.A. Krasensky

Fasswagen
Foto: H.A. Krasensky

Die Deichsel des bäuerlichen Leiterwagens ist in eine Holzgabel eingeschoben und mit einem Quernagel so befestigt, dass sie sich der Höhe nach bewegen kann. Darüber befindet sich eine Pritsche, eine aus Brettern gefertigte Plattform. Seitlich der Plattform sind zwei Sprossenleitern eingehängt, die auf den beiden Schmalseiten durch einen Stab verbunden sind. Der Wagen besitzt keinen Kutschbock. Der Pferdeführer geht neben den Pferden, wodurch klar ist, dass die Pferde ausschließlich im Schritt unterwegs sind. Heu, Getreidegarben und Grünfutter wurden und werden im alpinen Gelände mancherorts noch heute auf diese Weise transportiert.

Oftmals waren die Leiterwände abnehmbar. Es konnten daher auf der Pritsche verschiedene zweckgebundene Aufbauten aufgesetzt werden. Zum Führen von Mist beispielsweise wurden seitliche Bretter angebracht. Es entstand ein so genannter **Kastenwagen**, der auch zum Transport von Sand, Steinen, Ziegeln, Holzkohle und vielem mehr Verwendung fand.

Auf der Grundfläche der Pritsche ließen sich statt der Leitern und des Kastens bei Bedarf auch verschiedene Fässer aufbauen. Die so entstandenen **Fasswagen** dienten den unterschiedlichsten Zwecken: Man konnte damit Wasser auf die Weiden bringen – es gab ja zu jener Zeit noch keine Wasserleitungen! Zur Düngung der Felder kannte man schon damals Jauchefässer. Auch Wein- und Bierfässer waren in den entsprechenden Zünften in Gebrauch.

Durch die Montage von Holzverschlägen auf die Pritsche wurde der Leiterwagen zum **Tiertransportwagen**, mit dem diverse Kleintiere zum Beispiel zum Markt transportiert werden konnten.

Der bäuerliche Leiterwagen war also in jeder Hinsicht ein Vielzweckgerät und fehlte auf keinem Hof.

Tiertransportwagen
Foto: H.A. Krasensky

Spritzenwagen und kombinierter Schlauch- und Mannschaftswagen (Freiwillige Feuerwehr, Tamsweg)

DIE FEUERWEHRWAGEN

Vor allem in ländlichen Gegenden haben sich bis heute die bespannten Fahrzeuge der freiwilligen Feuerwehren erhalten. Mannschaftswagen und diverse Gerätewagen (vor allem Spritzenwagen) sind in einer Vielzahl und in den unterschiedlichsten Ausführungen zu finden. Diese Fahrzeuge unterscheiden sich in erster Linie durch ihre Aufbauten. Während die Mannschaftswagen so gestaltet waren, dass mit ihnen eine möglichst große Zahl von Feuerwehrleuten zum Einsatzort transportiert werden konnte, war bei den Gerätewagen verständlicherweise der Spritzenwagen vorrangig. Die handbetriebene Pumpe war auf dem Wagenkasten montiert und wurde mittels einer Wippe betätigt. Diese Wippe hatte auf beiden Seiten Handgriffe, sodass vier Männer diese auf und ab bewegen konnten und dadurch das Wasser in das Schlauchsystem pumpten. Da diese Arbeit sehr anstrengend war, musste die Bedienungsmannschaft häufig gewechselt werden.

Diese Gerätschaften sind heute in Museen ausgestellt und werden nur bei besonderen Anlässen, nochmals mit Pferden bespannt, der Bevölkerung vorgestellt.

Mobilität im Wandel der Zeit – DIE REISEKUTSCHEN

Die naturgetreue Rekonstruktion einer römischen Carruca aus dem 1. Jahrhundert nach Christus (Römisch-Germanisches Museum, Köln)

Die Entwicklung der Kutschen steht in engem Zusammenhang mit der Entwicklung der Reisegewohnheiten und Reisebedingungen über die Jahrhunderte.

DIE RÖMISCHE CARRUCA

Schon in der Antike wurden mit Landfahrzeugen Reisen unternommen. Im Römischen Reich ergab sich die Notwendigkeit der Verwaltung der Provinzen, vor allem jener, die von Rom weit entfernt waren. Ein altes Sprichwort sagt ja: „Alle Wege führen nach Rom", und beschreibt auf volksnahe Art und Weise die zentrale Verwaltungsstruktur des Römerreiches. Als Reisewagen, besser gesagt als Dienstwagen der Verwaltungsbeamten wurde die Carruca verwendet, ein zweiachsiger Wagen, der auf einem Fahrgestell einen Wagenkasten trug. Dieser war über vier Gurthalter mit Ledergurten über dem Fahrgestell aufgehängt und mit diesem verbunden. Die Unebenheiten der Fahrbahn wurden durch

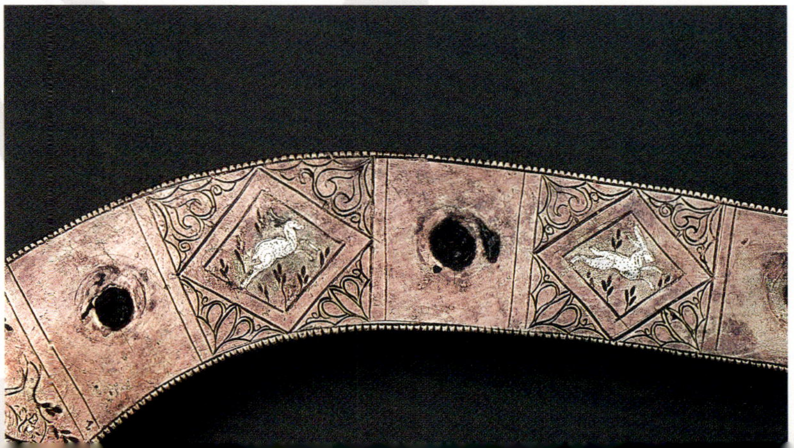

Originaler Bronzebeschlag des römischen Reisewagens (Römisch-Germanisches Museum, Köln)

diese Vorrichtung etwas gemildert. Eine Federung, wie sie später in Gebrauch kam, war noch unbekannt. Diese Fahrzeuge wurden ein Statussymbol der römischen Oberschicht: Sie waren stark verziert und hatten vier Sitzplätze im Wageninneren, das bereits mit einer Türe verschließbar war. Aus Schriften des Plinius des Jüngeren (spätes 1. Jahrhundert nach Christus) geht die luxuriöse Ausstattung dieser Fahrzeuge hervor. Kutschen waren daher bereits und vor allem in der Antike ein sichtbares Zeichen der Staatsmacht und des persönlichen Wohlstandes des Benutzers. Ein besonders schönes Beispiel eines solchen Fahrzeuges finden wir im Römisch-Germanischen Museum in Köln. Hier ist die naturgetreue Rekonstruktion einer Carruca mit originalen Bronzebeschlägen und -verzierungen ausgestellt.

Noch eine Bemerkung zu den verwendeten Zugpferden: Die schlechten Wege und die erheblichen Gewichte dieser Fahrzeuge benötigten zuverlässige schwere Pferde, die unter dem heutigen Begriff Kaltblüter zusammengefasst werden. In Südkärnten und im österreichischen Bundesland Salzburg findet man noch heute die Pferderasse Noriker. Diese Pferde waren als Landespferderasse in den Gebieten des Römerreiches ansässig und wurden sehr geschätzt. Sie haben ihren Rassennamen nach der römischen Provinz Noricum erhalten und ihn bis heute beibehalten.

Reisekutsche aus Südböhmen, um 1820 (Kutschenmuseum Laa an der Thaya)

DIE KLASSISCHE REISEKUTSCHE

Eine Reisekutsche aus Südböhmen, gebaut um das Jahr 1820, ist der Prototyp des typischen Verkehrsmittels dieser Zeit. Der Kutschenaufbau ruhte auf einem Langbaumgestell, die Vorderräder waren kleiner als die Hinterräder. Der hochgezogene Wagenkasten im Bereich der Vorderräder ermöglichte einen stärkeren Einschlag bei Kurvenfahrten. Der Vorfall und das Spritzverdeck waren aus trangegerbtem Leder gefertigt, das Wagenverdeck bestand aus grobem Leinengewebe, das man mehrmals mit Ölfarbe strich. Es nahm dadurch die dunkle Farbe an und wurde gleichzeitig wasserdicht. Im Fahrzeug war Platz für vier Personen.

DER LANDAUER

Der Landauer ist eine klassische Wagenform, die in den verschiedensten Ausprägungen bis heute gebaut wird. Er entstand um das Jahr 1700 und erhielt seinen Namen von der pfälzischen Stadt Landau. Ein prominenter Benutzer der ersten Stunde war der spätere österreichische Kaiser Joseph I. (1678–1711), der seine vor Landau liegenden Truppen in den Jahren 1702 und 1704 in einem Wagen dieser Art inspizierte.

Es handelt sich beim Landauer im Prinzip um einen Wagenkasten mit zwei gegenüberliegenden Sitzbänken. Das Besondere an dem Wagenkasten ist, dass er offen und geschlossen gefahren werden kann. Das Verdeck, ein Lederdach, ist vorne und hinten zusammenklappbar. Das Fahrzeug kann daher bei Schönwetter als offener Wagen und bei Schlechtwetter als geschlossenes Fahrzeug benützt werden.

Diese Konstruktion hat den Wagenbau vielfältig befruchtet. Vorerst war der Wagenkasten eckig – diese Form nennt man **Shelbourne-Landauer** –, später wurde er auch geschweift (abgerundet) ausgeführt. Die runde Form wurde als Schiffsform oder auch **Bateau-Form** bezeichnet. Im Laufe der Jahre entwickelten sich noch unzählige Variationen, zum Beispiel die **Landaulet**, hier ist nur das hintere Verdeck klappbar. Der **Glaslandauer** wiederum besaß klappbare Verdecke, die nur hinten aus Leder gefertigt waren, ansonsten bestanden die Seitenwände aus mit Glas versehenen Rahmen, die mit einem festen Dach verbunden waren. Diese Teile waren ebenfalls einklappbar.

Landauer in Bateau-Form. Das Verdeck des Landauers konnte nach vorne und hinten geöffnet werden. (Sammlung Martin Piffl, Heidenreichstein)

Bei der Landaulet war nur das hintere Verdeck klappbar, 1890 (Spanische Hofreitschule, Bundesgestüt Piber).

Auch der Glaslandauer war vollständig zu öffnen, 1910 (Spanische Hofreitschule, Bundesgestüt Piber).

Landauer finden heute noch als Rundfahrtkutschen und Hochzeitskutschen rege Verwendung.

In Wien ist bis zum heutigen Tag der Landauer die klassische Kutsche für den **Fiaker**, ein Lohnwagen, der seit 1670 in Wien beheimatet ist. Vor diesem Datum hatten sich die Fiaker bereits in Paris und London bewährt. Heute stehen in 22 Betrieben 142 Kutschen zur Verfügung, die für Stadtrundfahrten vor allem von Fremden genutzt werden, um die Sehenswürdigkeiten in Ruhe zu besichtigen. Der Name Fiaker geht auf Fiacrius zurück, einen irischen Mönch und Einsiedler des 7. Jahrhunderts, seines Zeichens Schutzpatron der Gärtner, Kupferschmiede, Notare und einiger anderer Professionen. In Paris sind nach diesem Heiligen das Hôtel St. Fiacre und die Rue Saint Fiacre benannt. In dieser Straße konnte man im 17. Jahrhundert die Lohnkutschen, die einem Herrn Nicolas Sauvage gehörten, mieten. Auf seiner Remisentüre war ein Bild des heiligen Fiacrius angebracht. Der Name Fiaker ist später auf die Lohnkutsche übergegangen.

Reisen war in früheren Zeiten eine recht anstrengende Sache. Es gab wenige Gasthöfe und keine Hotels, die Infrastruktur war ärmlich. Reisen konnten daher nur hochgestellte Persönlichkeiten, die in befreundeten Residenzen Aufnahme fanden. Zwei besonders gut dokumentierte Beispiele höfischer Reisetätigkeit seien hier erwähnt. Die Erzherzogin Maria Elisabeth von Habsburg (1680–1741) wurde von ihrem Bruder, Kaiser Karl VI. (1685–1740), im Jahr 1725 zur Statthalterin der Niederlande ernannt. Sie trat die Nachfolge von Prinz Eugen von Savoyen (1663–1736), dem Sieger von Höchstädt, an und musste von Wien nach Brüssel übersiedeln. Diese Reise wurde den auf der Reiseroute gelegenen Residenzen durch Vorausboten angekündigt, mit der Bitte um Unterstützung betreffs Verpflegung von Mensch und Tier. Daher auch die gute Dokumentation. Die Reise dauerte 36 Tage. Es waren 93 Wagen mit 410 Pferden unterwegs.

Im Jahr 1787 inspizierte die russische Kaiserin Katharina II., die Große (1729–1796), den Süden ihres Reiches. Sie brach von Sankt Petersburg in Richtung Krim am 18. Januar 1787 auf. Die Leitung dieser Expedition hatte der Fürst Potemkin (1739–1791), der Favorit Ihrer Majestät und deren Feldmarschall, inne. Als Reisezeit wurden die Wintermonate gewählt, weil Schlitten die schlechten Wege besser ausgleichen konnten. 14 große, 124 kleine und 40 Reserveschlitten bildeten die glanzvolle Kavalkade. An jeder Haltestation warteten 560 Ersatzpferde und ganze Kolonnen von Handwerkern, die jede, auch die kleinste und komplizierteste Reparatur ausführen konnten. Der Schlitten der Kaiserin demonstrierte imperiale Größe. Groß wie ein Wohnhaus, zogen ihn 30 Pferde durch den tiefen Schnee. Die vier Räume (Arbeitszimmer, Bibliothek, Schlafgemach und Ankleideraum) teilte sich die Kaiserin mit ihren Hofdamen. Alle wichtigen Hofleute, Politiker und Diplomaten begleiteten die Kaiserin auf ihrer Reise. Potemkin hatte dafür gesorgt, dass sich das Land von der besten Seite zeigte. In unansehnlichen Städten ließ er Häuserkulissen aufbauen, um den Endruck für die Kaiserin zu verbessern. Heute noch spricht man von den „potemkinschen Dörfern“!

Postkutsche für die kombinierte Post- und Personenbeförderung, 1864 (Kutschenmuseum Laa an der Thaya)

DIE POSTKUTSCHEN

Die Entwicklung des Postwesens übte ebenfalls einen nachhaltigen Einfluss auf den Kutschenbau aus. Auf weiten Strecken und Hauptrouten wurde stets vierspännig gefahren, auf Nebenstrecken waren kleinere Fahrzeuge, vorwiegend zweispännige, eingesetzt.

KOMBINIERTE PAKET- UND PERSONENKUTSCHEN

Es gab kombinierte Fahrzeuge für den Paket- und Personenverkehr, wie ein Beispiel einer im Jahre 1864 in Dienst gestellten Kutsche zeigt, die bis nach dem Ersten Weltkrieg in Gebrauch war. Der feste Wagenkasten hatte ein gewölbtes Dach, das die Steifigkeit des Kastens erhöhte. Die beiden seitlichen Einstiegstüren waren mit einem Fester versehen, der Einstieg wurde durch Auftritte erleichtert. An der Frontseite war ebenfalls ein größeres Fenster angebracht. Im Wageninneren hatten vier Personen Platz, auf dem Kutschbock konnte neben dem Fahrer noch ein weiterer wetterfester Passagier Platz nehmen. Hinter dem festen Fahrgastraum befand sich eine Kiste für Pakete und eine Ladefläche, die für die Gepäckstücke der Fahrgäste bestimmt war. Körbe, Kisten, manchmal auch Tierkäfige wurden hier mitgeführt. Die Farbgebung entsprach den Vorschriften der k.u.k. Post.

Post-Mylord der k.u.k. Post, um 1890 (Kutschenmuseum Laa an der Thaya)

DER POST-MYLORD

Andere Kutschen waren ausschließlich für den Personenverkehr bestimmt. Gängiges Kutschenmodell dafür war der so genannte Mylord, der oft als Klassiker der europäischen Postkutsche bezeichnet wird. Der hier als Beispiel gezeigte Mylord wurde zwischen 1880 und 1890 von der Firma Jakob Lohner in Wien für die k.u.k. österreichische Post gebaut und für Hofreisen auf der Strecke Lend–Gastein bis zur Inbetriebnahme der Tauernbahn eingesetzt. Der Vorfall war mit Quasten in den Farben der k.u.k. Post versehen.

Bemerkenswert sind auch der Bremsschuh (siehe Kapitel „Kleine Wagenbaukunde") und der Keilsitz für den Kutscher. Der Keilsitz ermöglichte es dem Kutscher, eine gestreckte aufrechte Sitzposition einzunehmen. Der Fahrer saß nicht nur auf dem Gesäß, sondern vor allem auf den Oberschenkeln. Der entscheidende Vorteil dieser Sitzweise bestand darin, dass sich der Fahrer mit den gestreckten Füßen auf dem Boden oder dem Spritzbrett des Wagenkastens abstützen konnte, um nicht vom Bock gezogen zu werden, falls die Pferde etwas scharf an die Hand gingen. Keilsitze sind bei den heutigen Sportkutschen, Dressur- und Marathonwagen gängiger Standard.

Klassischer Omnibus aus Lil!e/Frankreich (Kutschenmuseum Laa an der Thaya)

Die Passagiere bestiegen die Kutsche durch eine Tür an der Rückseite.

DER OMNIBUS

Für die Personenbeförderung in städtischen Gebieten wurde der Omnibus (lateinisch „für alle", französisch voiture omnibus „Wagen für alle") um das Jahr 1662 entwickelt. Das hier als Beispiel gezeigte Fahrzeug bot Platz für neun Personen und wurde in Lille/Frankreich gebaut.

Das Gepäck der Reisenden wurde auf dem Dach verstaut, wobei auf dem Dach auch eine zusätzliche Sitzgelegenheit für Reisende vorgesehen war. Der Einstieg in diese Fahrzeuge erfolgte für die Reisenden, die im Wageninneren Platz nehmen durften, von hinten durch eine Türe. Dieser Wagentyp wurde später auch im Tourismus als Hotelzubringer von den Bahnhöfen eingesetzt. In manchen Orten geschieht dies noch heute als besondere Touristenattraktion.

DIE PFERDESTRASSENBAHN

Die erste Pferdeeisenbahn wurde mit durchschlagendem Erfolg 1795 in England in Betrieb genommen. In der Folge setzte sich der Siegeszug der Pferdeeisenbahn auch im übrigen Europa fort. 1827 nahm die erste Teilstrecke auf dem Kontinent in Österreich den Betrieb auf. 1836 war dann die Gesamtstrecke von Gmunden über Linz an der Donau bis Budweis befahrbar. Zunächst war die Pferdeeisenbahn für den Salztransport aus dem Salzkammergut nach Böhmen gedacht, wurde aber bald für die Personenbeförderung erweitert. Es wurden drei Pferde hintereinander angespannt, wie dies aus historischen Abbildungen hervorgeht. Die Pferde liefen zwischen den Schienen auf einem Sandbett.

Die große Bequemlichkeit dieses Transportmittels für die Personenbeförderung machten sich bald auch die Städte zunutze. Aus den Omnibussen entstanden ab der Mitte des 19. Jahrhunderts in vielen Städten Pferdestraßenbahnen. So fuhren Pferdestraßenbahnen beispielsweise in New York ab 1850, in Paris ab 1851, in Berlin ab 1865, in Hamburg ab 1866, in Stuttgart ab 1867, in Wien ab 1868 und in Leipzig ab 1872. Diese verkehrten auf bestimmten Strecken zu festgesetzten Zeiten in Intervallen von vier bis 15 Minuten. Die Fahrzeit von Hernals, einem Außenbezirk

Ab der Mitte des 19. Jahrhunderts verkehrte in vielen Städten die Pferdestraßenbahn. (Foto: C. Peschl)

von Wien, über den Ring bis Sankt Marx, einem Außenbezirk am anderen Ende Wiens, betrug damals zum Beispiel etwa 70 Minuten (heute fährt man mit dem Auto zu Zeiten der Verkehrsspitze nur unwesentlich kürzer!). Die Beweglichkeit der Stadtbewohner wurde durch dieses neue Verkehrsmittel wesentlich erhöht, die Vorstädte in den Stadtkern integriert. Dies war der Beginn der Massenverkehrsmittel. Einige Kuriositäten gab es dabei natürlich auch. So wurden die Passagiere dazu angehalten, auf Bergstrecken den Wagen anzuschieben, um den Pferden die Überwindung dieser Strecken zu erleichtern beziehungsweise überhaupt zu ermöglichen.

Als historisches Beispiel einer Wiener Pferdestraßenbahn sei hier ein im Jahr 1868 gebauter Zweispännerwagen der Wiener Tramway-Gesellschaft genannt. Er wurde in Graz durch die Waggonfabrik Weitzer gebaut. 1874 gab es bereits 14 Pferde-Tramway-Linien in Wien mit etwa 250 Fahrzeugen. Das Exemplar Nummer 53 war ein Sommerwagen, der keine Seitenfenster beziehungsweise Seitenwände hatte. Das Bild entstand bei einer seiner seltenen Ausfahren anlässlich des Jubiläums „100 Jahre Wiener Linien“.

Imperiale Pracht und bürgerlicher Prunk – DIE GALAKUTSCHEN

Reisewagen gab es natürlich auch und besonders in den Herrscherhäusern. Hier waren die Notwendigkeit, der Hang zum Reisen und zugleich die Repräsentationspflicht besonders ausgeprägt. Kutschen von Fürsten-, Königs- und Kaiserhöfen sowie des hohen Klerus haben sich in ihrer Schönheit bis heute relativ unversehrt in größerer Zahl in verschiedenen Sammlungen erhalten. Dies ist darauf zurückzuführen, dass diese Wagen nur sehr selten und nur für Repräsentationszwekke Verwendung fanden und finden. In den Musei Vaticani zu Rom befindet sich die große Galaberline von Papst Leo XII. (1760–1829), die wie alle Galawagen der Päpste im Fahrgastraum einen speziellen Thron für den Heiligen Vater beinhaltet. Diese Kutschen waren Statussymbole kirchlicher Macht und wurden selbstverständlich nur achtspännig gefahren.

Heute werden Galaanspannungen von den noch regierenden Königshäusern zu feierlichen Anlässen benutzt. In den Niederlanden wird die Königin achtspännig zur jährlichen Parlamentseröffnung gefahren und vor allem in England ist die Tradition der Fahrt mit den dem Königshaus gehörenden Galakutschen äußerst lebendig. Das englische Königshaus bevorzugt Anspannungen á la Daumont (siehe Anhang „Die Anspannungsarten“) mit eskortierenden Reitern, wie dies alljährlich zum offiziellen Geburtstag der Königin geschieht. Bei den seltenen Ausfahrten mit der goldenen Staatskutsche wird à la grand Daumont (sechsspännig) gefahren. Die Vorreiter, in England heißen sie „Outriders“, sind meistens Jockeys, also von geringer Körpergröße, die zu dieser Gelegenheit mit einer gepuderten Perücke, samtenen reich galonierten Jacken, egalisierten weißen Lederhosen, Stulpenstiefeln mit Anschnallsporen und einer samtenen bestickten Jockeymütze bekleidet sind. Diese Vorreiter haben keine Fahrpeitsche in der Hand, sondern eine Fahrgerte. Die Pferde für diese speziellen Anlässe werden täglich im Hyde Park trainiert. Wenn man Glück hat, kann man sie dort antreffen. Auch der Lord Mayor, Londons Bürgermeister, benützt noch heute eine Galaequipage bei seinen offiziellen Ausfahrten.

DER HÖFISCHE REISEWAGEN

Die höfischen Reisewagen (das Reisen war seinerzeit fast ausschließlich Adeligen vorbehalten) zeichneten sich durch einen unter den Kutschbock verlängerten Wagenkasten aus. Der Fahrgast konnte so auch liegend, vor allem in der Nacht, die Fahrt fortsetzen. Die Fenster der Türen ließen sich mit hölzernen Jalousien verschließen. Da das Hotelwesen noch nicht ausgeprägt war, bot dieser Wagentypus dem Reisenden den höchstmöglichen Komfort. Das Inkognitoreisen wurde durch das Schließen der Fenster ermöglicht. Für diesen Zweck verwendete man natürlich stets Kutschen ohne Wappen. Das Dach der Reisewagen diente in den meisten Fällen zur Beförderung des Gepäcks. Die doppelten mit Kröpfung versehenen Langbäume gaben dem Wagen die nötige Wendigkeit, die C-Federn den für die damalige Zeit höchsten Komfort.

Der „Leibreisewagen des Wiener Hofes“ stellt ein exzellentes Beispiel für eine derartige Kutsche dar. Seine prunkvolle Ausstattung war für das Kaiserhaus selbstverständlich. Dieser Wagen wurde vierspännig gefahren, wie

Der Leibreisewagen des Wiener Hofes vor seiner Restaurierung, 1833 (Kunsthistorisches Museum Wien, Wagenburg Schönbrunn)

alle andere Kutschen regierender Kaiser oder Könige, die stets vier- oder sechsspännig fuhren. Eine kleine Bemerkung am Rande zeigt deutlich, welchen Stellenwert man den Equipagen in der damaligen Zeit zumaß: Als Kaiser Ferdinand I. (1793–1875) zugunsten seines Neffen Franz Joseph I. (1830–1916) im Jahr 1848 abdankte, war eine seiner Bedingungen für den freiwilligen Thronverzicht, dass er weiterhin sechsspännig fahren durfte.

DER KRÖNUNGS-LANDAUER

Der Krönungslandauer, entstanden 1824, wurde von der weltbekannten kaiserlichen Hofsattlerei in Wien für Kaiserin Caroline Auguste (1792–1873), die vierte Gemahlin des Kaisers Franz II. (I.) (1768–1835), anlässlich ihrer Krönung zur ungarischen Königin in Pressburg gebaut. Dieser Wagen befindet sich heute in der Wagenburg des Schlosses Schönbrunn. Der Wagenkasten in Schiffsform hängt in einem Unterwagen mit doppeltem Langbaum und wird mit C-Federn gefedert. Alle Beschläge sind vergoldet und sein Innenraum

Der Krönungslandauer des österreichischen Kaiserhauses, 1824 (Kunsthistorisches Museum Wien, Wagenburg Schönbrunn)

ist meisterhaft ausgeschlagen. Der Wiener Kongress 1814/15 beeinflusste durch die zahlreichen ausländischen Gesandten und Würdenträger, die ihre Wagen mitbrachten, die Szene wesentlich. Neben der erstklassig arbeitenden Hofsattlerei, die auf Galawagen spezialisiert war, waren bereits zehn Jahre nach dem Wiener Kongress 138 Sattler- und 88 Wagenbauwerkstätten ansässig geworden. Das florierende Gewerbe exportierte nicht nur in die klassischen Kutschenbauländer England, Frankreich und Deutschland, sondern auch in die Länder Mittel- und Osteuropas. Die Wiener Fabrikanten Armbruster und Marius exportierten zum Beispiel Wagen in die Paläste von Teheran, Addis Abeba oder Istanbul.

Auch die Geschirre der Pferde und die Livreen des Personal waren aus edelsten Materialien gefertigt (Kunsthistorisches Museum Wien, Wagenburg Schönbrunn).

DER IMPERIALWAGEN DES WIENER HOFES

Ein besonderes Prunkstück ist der „Imperialwagen des Wiener Hofes“. Das Fahrzeug entstand in der Barockzeit und ist heute noch in voller Pracht in der Wagenburg von Schloss Schönbrunn in Wien zu besichtigen.

Der Überlieferung nach gab Kaiser Franz I. (1708–1765), der Gemahl Maria Theresias (1717–1780), die Kutsche in Auftrag. Der Wagen wurde unter anderem bei der Krönung Josephs II. (1741–1790) zum römisch-deutschen Kaiser in Frankfurt im Jahre 1765 eingesetzt. Das Fahrzeug wiegt 4.000 Kilogramm und wurde zuerst sechsspännig, später achtspännig gefahren. Für diese Kutsche war kein klassischer Kutscher auf dem Kutschbock vorgesehen, der Wagen wurde von zwei berittenen Vorreitern, auf dem linken Stangenpferd und dem linken Vorderpferd sitzend, dirigiert, wobei jeweils Lakaien neben den Pferden zu Fuß mitgingen. Die prächtigen Geschirre der Pferde und die Bekleidung entsprachen dem spanischen Hofzeremoniell, das bis zum Ende der Donaumonarchie am Wiener Hof Geltung hatte. Das Äußere des vergoldeten Wagenkastens wurde von anerkannten Künstlern dieser Epoche mit Gemälden verziert und auch sein Inneres ist pompös ausgestattet. Das gesamte Gefährt gibt Einblick in die ausgeprägte Handwerkskunst aller Sparten dieser Zeit. Bemerkenswert ist noch, dass der Wagen völlig zerlegbar gebaut ist. Für den Transport an die Einsatzorte wurde der Wagenkasten in seine Einzelteile zerlegt, in Kisten verpackt und mit Lastfahrzeugen, meist auf dem Wasserweg, an seinen Bestimmungsort gebracht. Auch die prunkvollen Räder wurden abmontiert und durch einfache ersetzt. Das letzte Mal wurde der Wagen 1916 bei der Erbhuldigung in Budapest verwendet.

Der Imperialwagen des Wiener Hofes ist ein Prunkstück aus der Barockzeit, 1763 (Kunsthistorisches Museum Wien, Wagenburg Schönbrunn).

DAS COUPE

Kaiser Franz Joseph I. (1830–1916) war ein Pferdemann durch und durch und hatte daher keine große Freude an den neu aufkommenden Automobilen. So benutzte er zu den täglichen Fahrten von Schloss Schönbrunn zur Hofburg, seinem Amtssitz, ein um das Jahr 1887 von Carl Manius gebautes „Leibcoupe": Zwei bemerkenswerte Dinge verdienen in diesem Zusammenhang eine Erwähnung: Erstens haben die Türen der Kutsche innen keine Schnallen, da es dem Kaiser nach dem spanischen Hofzeremoniell verboten war, sich selbst Türen zu öffnen. Es waren daher immer Diener nötig, um den Wagenschlag zu bedienen. Zweitens ist durch die Vorderfront des Wagenkastens eine Kordel gezogen. Diese wurde am Ärmel des Kutschers an einem Knopf befestigt. Wollte nun der Kaiser anhalten, schneller fahren und so weiter, gab er über diese Kordel dem Kutscher Anweisungen. Davon leitet sich eine noch heute gebräuchliche Redensart ab: „Jemanden am Bandel haben". Dies bedeutet im übertragenen Sinn, jemanden völlig zu beherrschen.

Das Coupe als Stadtfahrzeug wurde spätestens ab der in der zweiten Hälfte des 19. Jahrhunderts einsetzenden Stadterweiterung zunehmend auch von dem erstarkenden Bürgertum für Fahrten in der Stadt und der näheren Umgebung eingesetzt. Ein schönes Beispiel dafür ist das um 1890 in Graz von der Firma H. Martin gebaute Coupe. Im Stadtbetrieb wurden hartgummibereifte Räder verwendet, für Fahrten außerhalb des städtischen Raumes kamen Eschenräder mit Eisenbereifung zum Einsatz. Die Innenausstattung der Coupes war in der Regel nobel ausgeführt und zeugte vom guten Geschmack und Reichtum

Das „Leibcoupe"" von Kaiser Franz Joseph I. 1887 (Kunsthistorisches Museum Wien, Wagenburg Schönbrunn)

Das Stadtcoupe erfreute sich ab Mitte des 19. Jahrhunderts beim Bürgertum großer Beliebtheit (Kutschenmuseum Laa an der Thaya).

Liebevoll verzierter Fußwärmer aus Metall (Kutschenmuseum Laa an der Thaya)

Wieder befüllbares Wärmeöfchen (Kutschenmuseum Laa an der Thaya)

seiner Besitzer. Das Reisen war besonders in der kalten Jahreszeit eine anstrengende Angelegenheit. Trotz warmer Kleidung fror man gewaltig. So wird berichtet, dass einige Fahrgäste auf längeren Fahrten in Kutschen erfroren seien. Der Kutscher sei trotz seines bodenlangen Bärenfellmantels am Kutschbock angefroren. Um Abhilfe zu schaffen, wurden verschiedene Wärmeeinrichtungen erdacht. Eine davon war der so genannte Fußwärmer. In den Metallkörper wurden glühende Briketts eingeschoben, und solange diese Wärme abgaben, konnte der Fahrgast die Füße erwärmen. In der originalen Verkaufsbeschreibung wird die Umweltfreundlichkeit dieses Wärmeofens besonders betont, da er nicht rauche! Weiter waren mit Holzkohle beheizte Wärmeöfchen gebräuchlich. Diese hatten den Vorteil, dass sie während weiterer Fahrten wieder befüllbar waren und so über längere Zeit Wärme abgaben.

VICTORIA UND MYLORD

Besondere Stadtfahrzeuge waren die Victoria und der Mylord. Diese Bauart wurde erst möglich, nachdem der selbsttragende Wagenkasten gebräuchlich geworden war. Bei diesen Kästen fällt der Langbaum weg, sie können daher tiefer gebaut werden. Der Schwerpunkt des Wagens kommt dadurch wesentlich tiefer zu liegen, demzufolge weisen Kutschen dieses Typs eine deutlich bessere Straßenlage auf als alle Modelle, die ein Langbaumgestell besitzen. Der Nachteil hingegen ist, dass bei schlechten Straßen der Wagenkasten leicht aufsitzt und dadurch erhebliche Beschädigungen desselben eintreten können.

Der Unterschied zwischen den beiden Fahrzeugen besteht lediglich darin, dass bei der Victoria der Kutschbock abnehmbar ist und beim Mylord nicht. Es handelt sich bei den Fahrzeugen um solche mit einer bequemen zweisitzigen Sitzbank über der Hinterachse. Öfter war gegenüber der Sitzbank eine kleine behelfsmäßige ausklappbare Sitzbank angeordnet. Diese konnte zwei weitere Personen aufnehmen. Oft waren es die Kinder der Fahrgäste, die dort Platz nahmen. Der Kutschbock hatte meistens nur ein Fußbrett und keinen Spritzschutz, also alles in allem ein Schönwetterfahrzeug. Das geschwungene Spritzleder ragte über die Räder hinaus und verband die Vorder- und Hinterräder. Der Einstieg war mit dem Spritzleder verbunden und lag sehr tief, um ein leichtes Einsteigen in den Fahrgastraum zu ermöglichen. Diese spezielle Konstruktion gab dem Kutschentyp auch seinen Namen: Die englische Königin Victoria war in höheren Alter eine etwas beleibte Dame und konnte durch den tief liegenden Auftritt die Kutsche leichter besteigen. Die Victoria hatte einen abnehmbaren Kutschbock, sodass das Fahrzeug auch als Selbstfahrer gefahren werden konnte.

Größere Kutschen dieser Bauart wurden und werden heute noch à la Daumont eingespannt. Die **Fahrweise à la Daumont** bedeutet, dass ohne Kutscher gefahren wird: Zweispänner (á demi Daumont), Vierspänner (á Daumont), Sechsspänner (á grand Daumont). Auf den linken Pferden des Gespannes sitzen Reiter, welche die Kutsche lenken. Das rechte Pferd wird als Handpferd geführt. Im Sprachgebrauch ist auch heute noch vom „sattligen", dem linken, und vom „handigen", dem rechten Pferd des Gespannes die Rede. Diese Anspannungsart ist sehr kostspielig: Die Stange muss, um dem Sattelreiter genug Freiheit für seinen rechten Fuß zu geben, gebogen sein. Die Biegung erreichte man dadurch, dass der wachsende Baum von Jahr zu Jahr neu ausgebunden wurde, damit die Fasern entlang der Biegung wuchsen. So musste der Vater für den Sohn die Vorbereitung schaffen, um diesem das Fahren à la Daumont zu ermöglichen. Erst mit der Erfindung des Biegens über Dampf kam der Preis für eine solche Stange in erschwingliche Größenordnungen.

Der Mylord war ein ausgesprochenes Schönwetterfahrzeug, 1880 (Spanische Hofreitschule, Bundesgestüt Piber).

Die Victoria konnte mit Kutscher oder vom Besitzer selbst gefahren werden (Kutschenmuseum Laa an der Thaya).

Der Kutschbock mit dem schmalen Fußbrett war abnehmbar (Kutschenmuseum Laa an der Thaya).

Der Doktorwagen war ein kleiner, komfortabler Selbstfahrer (Kutschenmuseum Laa an der Thaya).

DER DOKTORWAGEN

Das Doktor-, mancherorts auch Priesterwagen genannte Fahrzeug ist ein kleiner, meist luxuriös ausgestatteter vierrädriger Zweispänner mit einem klappbaren Lederverdeck und einem ledernen Spritzverdeck. Er ist ein Selbstfahrer und besitzt keine Ladefläche. Oft sind diese Wagen aus Naturholz mit einer Lederpolsterung gefertigt. Den Namen erhielt diese Kutsche von der Tatsache, dass sie sehr häufig von Ärzten und/oder Priestern verwendet wurde, die mit ihr ohne allzu großen Aufwand rasch zu ihren Patienten oder Pfarrangehörigen fahren konnten, wenn sie dort benötigt wurden.

Gesellige Ausfahrten und sportliches Vergnügen – DIE JAGDWAGEN

Jagdwagen des Grafen Kuefstein, 1790 (Kutschenmuseum Laa an der Thaya)

Die Gruppe der Jagdwagen besteht aus sehr vielfältigen Fahrzeugen, von denen hier einige typische Vertreter genannt werden sollen. Es handelt sich meist um leichte Kutschen, die zweispännig gefahren wurden und, wie schon der Namen sagt, häufig für die Jagd Verwendung fanden. Sie mussten daher „geländegängig“ und möglichst wendig sein. Eines der ältesten Modelle ist der Jagdwagen aus dem Fuhrpark des Grafen Kuefstein aus dem Jahre 1790. Dieses frühe Fahrzeug ist noch relativ schwer und mit groben C-Federn gebaut. Der Kutschbock ist abnehmbar, daher konnte der Wagen auch als Selbstfahrer eingesetzt werden.

Englischer Pirschwagen mit klappbarer Wildbrücke an der Rückseite (Kutschenmuseum Laa an der Thaya)

Das Steckverdeck ist eine Besonderheit des Landschützers (Kutschenmuseum Laa an der Thaya).

DER ENGLISCHE PIRSCHWAGEN

Ein besonders schönes Beispiel für einen Jagdwagen stellt der englische Pirschwagen dar. Der Kutschbock ist auf derselben Höhe wie die Sitze der Jagdgäste angeordnet. In diesem Fall ist die Besonderheit, dass der Kutschbock geteilt ist. Die Rückenlehne und der neben dem Kutscher befindliche Sitz sind aufklappbar, damit die Fahrgäste zu den hinten liegenden Sitzen gelangen konnten, ohne dass der Kutscher absteigen musste. Am hinteren Teil des Kastens ist die klappbare „Wildbrücke“ angebracht, die bei Bedarf heruntergeklappt werden konnte, um das erlegte Wild zu transportieren.

Der aufklappbare Sitz ermöglichte den Jagdgästen ein bequemes Zusteigen (Kutschenmuseum Laa an der Thaya).

DER LANDSCHÜTZER

Der Landschützer, gebaut von Petera und Söhne in Hohenelbe um das Jahr 1900, war als Besonderheit mit einem so genannten Steckverdeck ausgestattet. Dieses konnte dort montiert werden, wo die Herrschaft saß: Fuhr die Herrschaft selbst, war das Verdeck über der vorderen Sitzbank angeordnet, wurde der Wagen von der Dienerschaft gefahren, steckte man das Verdeck über die hintere Sitzbank. Das lederne Dach war mittels zweigeteilter Spangen zusammenklappbar, ein ausgeprägter Vorfall rundete die Dachkonstruktion ab. Eine lederne Spritzdecke sorgte für den Schutz des Kutschers und des Beifahrers auf der vorderen Sitzbank. Der Wagen wurde zweispännig gefahren.

Auch der Landratswagen aus Norddeutschland mit seiner geräumigen Wildbrücke gehört zu den Jagdwagen (Sammlung Martin Piffl, Heidenreichstein).

Der Fahrgastraum bot bis zu vier Personen Platz.

DER LANDRATSWAGEN

Auch der aus dem norddeutschen Raum stammende Landratswagen gehört in die Kategorie der Jagdwagen. Wir finden hier Naturlackierung, eine klappbare Wildbrücke und einen nicht erhöhten Kutschierbock. Diese Wagen sind leichte Fahrzeuge, die sich durch ihre große Spurweite und ihren tiefen Schwerpunkt auszeichnen. So weisen sie bei Fahrten über schlechte Wege und im Gelände bessere Fahreigenschaften auf. Der Fahrgastraum gab zwei Personen Raum und verfügte noch über eine kleine aufklappbare Zusatzsitzbank, wo weitere Personen Platz fanden. Häufig wurden dort Kinder transportiert. Die Dachkonstruktion kommt aus Amerika. Es handelt sich um ein Leinendach aus Segeltuch, das am Spritzbrett befestigt wurde, um bei starkem Wind ein Aufklappen zu verhindern. Eingesetzt waren diese Wagen im norddeutschen Raum. Sie wurden von den Landräten zu ihren dienstlichen Ausfahrten herangezogen, woher sich die Bezeichnung für den Wagentyp ableitet.

Ungarischer Jagdwagen (Esterhazy-Wagen) (Privatsammlung Michelfeit, Laxenburg)

DER ESTERHAZY-WAGEN

Ein aus Ungarn stammender und dort sehr gebräuchlicher Jagdwagen ist der Esterhazy-Wagen. Mancherorts wird er auch als Juckerwagen bezeichnet, ein Namen, der auf einen ungarischen Pferdeschlag, die Jucker, zurückzuführen ist. Es handelt sich dabei um kleine, zähe und sehr trockene Pferde, die perfekt an die oft sehr heißen Sommertemperaturen in der ungarischen Tiefebene angepasst sind und ausschließlich zum Fahren eingesetzt werden.

Der Wagenkasten dieses Typs ist ein mit doppelelliptischen Federn ausgestatteter Sandläufer. Als Sandläufer bezeichnet man einen besonders leichten Wagen (etwa 300 Kilogramm), der in den weitläufigen sandigen Ebenen Ungarns seine Heimat hat. Die Auen der großen, träge dahinfließendem ungarischen Tieflandflüsse Donau und Theis mit ihren Dünenlandschaften machen ein besonders leichtes Gefährt nötig, um ein Festfahren im weichen Untergrund zu verhindern. Häufig wird der Wagenkasten des Esterhazy-Wagens aus Korbgeflecht gefertigt. Dies trägt weiter dazu bei, das Gewicht des Wagens zu reduzieren. Der ungarische Jagdwagen wird meistens als Fünfspänner in der so genannten Jucker-Anspannung gefahren, dabei gehen zwei Pferde an der Stange, drei weitere Pferde sind nebeneinander als Vorderpferde angespannt.

DER CHAR-À-BANCS

Der Begriff Char-à-bancs kommt aus dem Französischen und bedeutet „Wagen mit Bänken". Dieser Wagentyp stellte einen schweren Gesellschaftswagen dar und ist die französische Variante des englischen Roof Seat Breaks. Meistens handelte es sich dabei um Langbaumwagen, die in erster Linie für Landpartien, Picknicks und Jagdausflüge in der zweiten Hälfte des 19. Jahrhunderts verwendet wurden. Der Char-à-bancs bot mindestens acht Personen bequem Platz, die auf mehreren auf dem hohen Kasten quer zur Fahrtrichtung angeordneten Sitzbänken saßen. Gefahren wurde der vierspännige schwere Wagen meist vom Besitzer selbst. Der Kutscher und das Personal nahmen auf der hintersten Sitzbank Platz. Im Inneren des Kastens war genug Raum für die mitzuführenden Gegenstände: feste und flüssige Nahrung, Gewehre für die Jagd, eventuell auch Jagdhunde, wenn ein Kobel mit Jalousien vorhanden war, und allerlei Gepäckstücke, die von den Gästen während der Ausfahrt benötigt wurden. Hohe schmale Körbe für die Aufnahme von Spazierstöcken, Sonnenschirmen für die Damen und ähnlichem Gerät waren häufig am Wagenkasten angebracht.

Vom „Four-in-Hand Driving-Club" beziehungsweise vom „Coaching-Club" (London) wurden 1871 die **Richtlinien für die Farbgebung der Char-à-bancs** festgehalten (die ebenso auch für die damaligen Choaches Gültigkeit hatten), um die Beurteilung der Fahrzeuge bei Preisbewerben zu ermöglichen.

Char-à-bancs aus dem österreichischen Bundesgestüt Piber, sechsspännig gefahren vom Ausbildungsleiter H. Scherz

Der Char-à-bancs war die französische Antwort auf den englischen Roof Seat Break, um 1890 (Spanische Hofreitschule, Bundesgestüt Piber).

Ebenso wurden Regeln für die jeweils zu verwendenden Geschirre, das Parkgeschirr und das Reisegeschirr, aufgestellt.

Wagenkasten	*Gestell/Räder/Deichsel*	*Zierlinien*
dunkelblau	*schwarz, zinnoberrot*	*rot, strohgelb, braun*
dunkelbraun	*kaminrot, schwarz*	*chromgelb, gelb, rot*
dunkelgrün	*schwarz*	*rot, schwarz, dunkelgelb*
dunkelrot	*schwarz*	*dunkelgelb, schwarz, rot*

Zierlinien waren am Untergestell und am Kasten angebracht, die äußeren Sitze wurden aus naturfarbenem Schweinsleder gefertigt und das Innere des Wagens mit Tuch von der Farbe des Kastens ausgeschmückt.

Der Break war ein gebräuchliches Fahrzeug zum Einfahren junger Pferde, 1890 (Spanische Hofreitschule, Bundesgestüt Piber).

DER BREAK

Für die Remontenausbildung – das Einfahren junger Pferde – wurden die Breaks geschaffen. Ihr Name leitet sich vom englischen „to break a horse to harness" – „ein Pferd einfahren" ab.

Diese Fahrzeuge zeichnen sich durch einen sehr hoch angesetzten Kasten aus, wobei auch der Kutschbock extrem hoch angelegt und im Regelfall über der Vorderachse aufgebaut ist. Der hohe Sitz ermöglicht es dem Fahrer, die Übersicht beim Einfahren der jungen Pferde leichter zu behalten, was vor allem wichtig ist, wenn es sich um einen Mehrspänner (Viererzug, Sechserzug et cetera) handelt. Die Stangenpferde werden dabei so eingespannt, dass der Fahrer die Kruppe der Pferde vom Bock aus nicht sieht, also sehr knapp am Wagenkasten. Dies hat folgenden Grund: Beim Einfahren sind junge Pferde oft mit der Hinterhand sehr unruhig und schlagen gerne nach hinten aus. Um Verletzungen des Fahrers zu vermeiden, spannt man daher die Pferde auf eine Weise an, dass sie beim Ausschlagen den sehr kräftig ausgelegten Wagenkastenboden und nicht das Spritzbrett treffen. Sollte sich, was auch vorkommen kann, ein Hufeisen selbstständig machen, so trifft das wegfliegende Eisen den Wagenkasten von unten und der Fahrer bleibt unverletzt.

Darüber hinaus schafft die hohe Sitzposition die Voraussetzung, dass die Leinen von der Hand des Fahrers im Winkel von etwa 45 Grad zu den Schlüsselringen auf dem Kammdeckel gehen. Dies ist aus verschiedenen Gründen gerade bei jungen Pferden sehr hilfreich: Die schräg nach unten führenden Leinen fächern sich nach der Faust des Fahrers stark auf, wodurch es diesem leichter möglich ist, einzelne Leinen zu erfassen und dadurch gezielt Einfluss auf einzelne Pferde zu nehmen. Dadurch, dass die Fahrleinen nicht auf der Kruppe der Stangenpferde aufliegen, wird eine zusätzliche Irritation von vornherein vermieden. Auch das so genannte „Leinenfangen durch den Schweif" ist bei dieser Leinenführung nicht möglich. Durch Drehen der Schweifrübe kann es nämlich vorkommen, dass das Pferd die Leinen zwischen Schweif und den Hinterhandbacken einklemmt. Dies muss in jedem Fall vermieden werden, da es sonst vor allem mit jungen Pferden aufgrund der zu erwartenden Panikreaktion zu großen Unannehmlichkeiten für den Fahrer kommen kann.

Die Breaks sind schwere Fahrzeuge und haben in der Regel ein Gewicht zwischen

Die offene Jagdwurst mit Drehsitz stellt eine Rarität dar (Kunsthistorisches Museum Wien, Wagenburg Schönbrunn).

1.200 und 1.300 Kilogramm. In jedem Gestüt und jeder Privatausbildungsstätte waren und sind Breaks ein wichtiger Bestandteil des Fuhrparks. Zunächst waren es reine Zweckfahrzeuge: Der Skeleton Break bestand lediglich aus einem Langbaumgestell und einem sehr hoch über der Vorderachse aufgesetzten Kutschbock mit schrägem Spritzbrett. In den Jahren der Hochblüte der Gespannkultur wurde der Break dann mit einem in Längsrichtung angeordneten Kasten versehen. Dieser hatte zwei gegenüberliegende Sitzbänke in der Längsrichtung des Wagenkastens zur Aufnahme von Gästen (siehe auch Body Break im folgenden Kapitel). Der Einstieg war an der Rückseite über eine oft einklappbare Stiege gegeben. Der Built-up Break hatte zusätzlich noch hinter dem quer zur Fahrtrichtung befindlichen Kutschbock eine weitere Sitzbank mit Rückenlehne angeordnet. Breaks wurden meist vierspännig gefahren und fanden Verwendung für Gesellschaftsfahrten und Jagdausflüge über Land.

DIE OFFENE JAGDWURST

Eine Rarität stellt die offene Jagdwurst mit Drehsitz dar, um 1820 in Wien für den Bourbonen-Prinzen Leopold von Salerno (1790 - 1851) gebaut. Sie befindet sich in der Wagenburg im Schloss Schönbrunn. Auf der lang gestreckten, gepolsterten Sitzbank konnten die Jagdgäste Platz nehmen, der Jagdherr saß auf einem Drehsitz und hatte so den Rundumblick. Gefahren wurde die Jagdwurst zweispännig vom Kutschbock aus von einem Kutscher, dem Leibjäger und einem Diener. Der Name Jagdwurst kommt von der gepolsterten länglichen Sitzbank, die das Aussehen einer Wurst hatte. Die Jäger saßen entweder wie auf einem Herrenreitsattel auf der Längsbank oder Schulter an Schulter nebeneinander auf der Sitzbank und stützen sich mit den Füßen auf dem beidseitig angebrachten Fußbrett ab.

Fahren als gesellschaftliches Ereignis – DIE PARKWAGEN

Mit der Verbesserung der Dampfmaschine durch James Watt (1736–1819) änderte sich auf dem Gebiet des Transportwesens Wesentliches. Mit dem Bau der ersten Dampflokomotive durch den Engländer George Stephenson (1781–1848) und der Eröffnung der ersten öffentlichen Eisenbahnlinie 1825 in England auf der Strecke zwischen Stockton-on-Tees und Darlington setzte ein ungeahnter Siegeszug der Eisenbahn ein. Auf den Überlandstrecken wurde in der Folge der Postkutschenverkehr sukzessive eingestellt. Bereits im Jahr 1862 war in London keine einzige Mail-Coach mehr zu sehen.

In den Alpenländern verlief die Entwicklung nicht so rasant. Für die Konstrukteure der Eisenbahnlinien waren die Alpen auf der Nord-Süd-Verbindung anfangs ein unüberwindliches Hindernis. Erst mit dem Bau der Semmeringbahn unter der Leitung von Carl Ritter von Ghega (1802–1860) in den Jahren 1848 bis 1854 war auch dieser Bann gebrochen. Die Ingenieurleistung war für diese Zeit enorm: Zahlreiche Viadukte und Tunnel mussten erfunden und gebaut werden. Auch eine eigene Berglokomotive entwickelte von Ghega. Trotzdem blieb der Postkutschenverkehr auf den Alpenpässen noch längere Zeit bestehen.

Als Drag wurden ehemalige Postkutschen bezeichnet, die später in Privatbesitz standen (siehe gerades Signalhorn an der Rückbank). (Privatsammlung Michelfeit, Laxenburg)

In der Mitte des 19. Jahrhunderts erfolgte eine Wiederbelebung der alten Coaching-Tradition in verschiedenen Clubs sowohl in England als auch in Frankreich. Ab dem Jahr 1866 begann ausgehend von London eine Rückbesinnung auf die alte Fahrweise durch den englischen „Sportsman". Es wurden exklusive Fahrclubs gegründet, wie beispielsweise der „Four-in-Hand Driving-Club" Dieser Club hielt jährlich ein Meeting am Mittwoch vor dem Derby beim Pulvermagazin im Hyde Park ab. Andere wie der „Coaching-Club" hielten mehrere Meetings pro Jahr ab, eines in der Regel vor dem Derby, ein zweites nach dem Ascot-Rennen auf dem Paradeplatz der Horse Guards. Bei diesen Veranstaltungen erschienen durchschnittlich 40 Drags, wie man die in Privatbesitz gehaltene Mail-Coach bezeichnete. In Frankreich war die gleiche Bewegung festzustellen. In der „Société de la Concorde“ wurde sogar ein Wettkampf um den „Prix des Drags“ abgehalten. Diese Coach-Parade hatte ihren Ausgangspunkt am „Place de la Concorde“ und stellte einen festlichen Höhepunkt im Gesellschaftsleben der Pariser Society dar.

Genaue Regeln wurden aufgestellt, welche Farbe der Wagenkasten, die Räder und der Beschnitt haben durften, und man achtete genau darauf, ob die Vorschriften für die Equipagen eingehalten wurden (unter einer Equipage versteht man die Gesamtheit aus Wagen, Pferden, Geschirren und Livreen), wobei man auf die harmonische Abstimmung aller Einzelheiten besonderen Wert legte. So entwickelte sich eine regelrechte Gespannkultur. Die Pariser Gesellschaft wollte in ihren Kutschen gesehen werden. In den Modejournalen wurden neben den neuesten Kreationen der Damenmode auch die dazugehörigen Equipagen angeboten. Es war in dieser Zeit üblich, dass die Damen täglich auf den breiten Boulevards auf und ab gefahren wurden, um zu sehen und gesehen zu werden. Für jede Jahreszeit hatte man eine eigene Equipage zur Verfügung. So musste die Frühjahresequipage beispielsweise eigene Pferde und eigene Fahrgeschirre aufweisen. Diese wurden mit den Kutschen gewechselt, sobald der Sommer, der Herbst oder der Winter ins Land zogen. Die Damen erledigten auch ihre Einkäufe von der Kutsche aus. Sie ließen vor dem jeweiligen Geschäft anhalten und die Angestellten brachten die Ware zu der Dame in die Kutsche heraus. War die Ware ausgewählt und bestellt, stellten die Angestellten des Geschäfts diese in den nächsten Tagen zu.

Im Kutschendesign vorherrschend waren die aus England kommenden Vorbilder mit dunklen gedeckten Farben des Wagenkastens in den Farbstellungen schwarz, braun, rot und grün, wobei gebrochene Farben bevorzugt wurden. Die Gesellschaft fuhr mit diesen Fahrzeugen in die Parks zum Picknick oder in gemeinsamen Vergnügungsfahrten in die Landschaft, wobei auch Schönheitskonkurrenzen ausgetragen wurden.

DER DRAG

Bei den Drags handelte es sich um ehemalige Mail-Coaches, die in der Folge in Privatbesitz standen und für Vergnügungsfahrten Verwendung fanden. Ein besonders schönes Beispiel eines solchen Parkwagens ist der Drag aus der Sammlung Michelfeit in der Nähe Wiens. Dieser ist mit allen nötigen Einzelheiten wie Signalhorn, Schirmhalter und von der Rückseite zugänglichen aus erlesenem Mahagoniholz gefertigten Laden für die Aufnahme des Picknickgeschirrs ausgestattet.

Das Signalhorn diente in der Postkutschenzeit dem Kutscher, um sich bemerkbar zu machen. Die Ankunft, die Abfahrt der Postkutsche wurde angezeigt, und während der Fahrt hielt man sich durch das Horn den Weg frei. Um als Kutscher angestellt zu werden, musste dieser mindestens zehn Signale mühe-

Edle Laden aus Mahagoni waren für Picknickgeschirr vorgesehen.

Auch das Signalhorn trug das Wappen des Kutschenbesitzers.

los beherrschen, eine nicht immer leichte Aufgabe. Das Horn besitzt keine Ventile, daher lassen sich nur natürliche Töne blasen. Notenbücher für die gebräuchlichsten Signale sind auch heute noch erhältlich. In der Zeit der „Gesellschaftsausfahrten" war es der Groom, der das Signalhorn bediente. Um jederzeit blasen zu können, führte der Groom das Mundstück des Hornes in seiner Rocktasche mit, so hatte es stets die nötige Temperatur für den richtigen Lippenansatz.

Obligatorisch war auch ein am Wagenkasten angebrachter Schirm- beziehungsweise Stockbehälter. Die Damen der Gesellschaft durften keine Sonnenbräune im Gesicht aufweisen. Um den blassen Teint nicht zu verlieren, trug die Dame bei Sonnenschein daher immer einen Sonnenschirm. Aufbewahren konnte man die Schirme und die Spazierstöcke der Herren in geflochtenen Körben an der Seite des Wagenkastens. Unter dem Kutschbock war häufig auch ein Hundekoben eingebaut.

Die leichtere Break-Wagonette war eine Weiterentwicklung des Break. (Privatsammlung Michelfeit, Laxenburg)

Die leichte Wagonette ist heute ein beliebter Dressurwagen. (Privatsammlung Michelfeit, Laxenburg)

DER BODY BREAK

Die Übergangsform zwischen dem Break als reinem Zweck- und Ausbildungsfahrzeug und seiner Ausprägung als Gesellschaftswagen bezeichnet man als Body Break. Hier ist durch den Wagenkasten mit den zwei längs angeordneten Sitzbänken bereits die Personenbeförderung gewährleistet. Gleichzeitig bietet der Wagen genügend Stauraum zur Mitnahme von Proviant und Gepäck. In der Folge entstanden zahlreiche Übergangsformen, die tendenziell zu immer leichteren Wagen führten, wie zum Beispiel die **Break Wagonette**. Die kleinere Schwester des Break wird **Wagonette** genannt.

Dieser leichte moderne Wagentyp findet heute besonders im Turnierwesen als Dressurwagen Verwendung.

Built-up Break mit Signalklingel am Spritzbrett (Privatsammlung Michelfeit, Laxenburg)

BUILT-UP BREAK UND ROOF SEAT BREAK

Die Weiterentwicklung des Body Breaks stellt der **Built-up Break** dar, der in unserem Beispiel ein in Schwarz-Gelb gehaltenes Fahrzeug ist, das eine mit dem Fuß zu betätigende Signalklingel auf dem Spritzbrett montiert hat – ein Novum im Kutschenbau. Ein weiteres Beispiel für einen Parkwagen ist der **Roof Seat Break**. Auf dem hohen Wagenkasten, der zur Mitnahme von Gepäckstücken und eventuell auch Jagdhunden diente, waren quer zur Fahrtrichtung auf dem Wagenkasten Sitzbänke für Gäste angeordnet. Im Wagenkasten selbst konnte keine Personenbeförderung stattfinden. Dafür war er zu niedrig. All diese schweren Fahrzeuge wurden mit vier Pferden vom Kutschbock aus, vornehmlich vom Kutschenbesitzer selbst gefahren (siehe auch Abschnitt „Der Break“ im vorherigen Kapitel).

Auf dem Roof Seat Break saßen sowohl Fahrer als auch Fahrgäste in luftiger Höhe. (Privatsammlung Michelfeit, Laxenburg)

DER VIS-A-VIS

Dieser Wagentyp gehört zu den aristokratischen halbgedeckten Fahrzeugen und wurde für Park- und Stadtfahrten verwendet. Die offene Bauweise wurde allerdings nur bei den Landaufenthalten in Verwendung genommen. Der Vis-a-vis hat immer niedere Türen mit Auftritten zum leichteren Einsteigen der Fahrgäste. Diese sind auf zwei Sitzbänke aufgeteilt, die quer zur Fahrtrichtung angeordnet sind. Die Passagiere sitzen einander gegenüber, zwei in Fahrtrichtung blickend, zwei mit dem Rücken zur Fahrtrichtung, woher sich auch die Namensgebung ableitet. Gegen Ende des 19. Jahrhunderts begann die Bezeichnung Vis-a-vis mit dem Begriff „**Sociable**" (englisch „gesellig", „geselliger Anlass") zu verschmelzen – war doch dieser Wagen einer der wenigen, in dem sich vier Fahrgäste während der Fahrt bequem unterhalten konnten. Seit diesem Zeitpunkt sind diese beiden Begriffe gleichermaßen für das Fahrzeug in Verwendung. Der viersitzige Hofwagen des Bundesgestüts Piber ist ein hervorragendes Beispiel für diesen Kutschentyp. Er wurde zwei- und auch mehrspännig gefahren. Seine Auftritte sind mit Kotschutzdeckeln versehen

Der Vis-a-vis war eine ideale Kutsche für gesellige Ausfahrten, 1900 (Spanische Hofreitschule, Bundesgestüt Piber).

Der Phaeton wandelte sich im Lauf der Zeit vom Spazier- zum Sportfahrzeug, 1910 (Spanische Hofreitschule, Bundesgestüt Piber).

DER PHAETON

Der Phaeton ist ein leichter Wagen, dessen Name aus der griechischen Sagenwelt stammt. Phaeton, der Sohn des Sonnengottes Helios, verursachte durch ungestümes und ungeschicktes Lenken des Sonnenwagens seines Vaters einen Weltbrand und wurde zur Strafe vom Göttervater Zeus in den Fluss Eridanos gestürzt.

Trotz seines eher unheilvollen Namens gehörte der Phaeton zu den beliebtesten Fahrzeugen des 18. Jahrhunderts und hat im Laufe der Zeit sein Aussehen oftmals geändert. Zuerst war er ein leichtes Spazier- und Korsofahrzeug mit einem klappbaren Verdeck. Die Sitzbank bot zwei Personen Platz und war hoch angeordnet, damit, wie zeitgenössische Berichte festhalten, die jungen Kavaliere mit den auf Balkonen stehenden Damen Konversation treiben konnten. Der Phaeton wurde vom Besitzer selbst von einem Vordersitz aus gefahren. Viele Phaetons besitzen noch eine hintere Sitzbank für zwei Personen, die den Kutscher und den Diener aufnahmen. Ab der zweiten Hälfte des 19. Jahrhunderts jedoch wurde der Phaeton zunehmend als Sportfahrzeug eingesetzt und gehört auch heute noch zu den am häufigsten vertretenen Kutschen bei modernen Fahrturnieren.

In der Postkutschenzeit wurde der so genannte **Mail Phaeton** gebaut. Hier war der Wunsch maßgebend, leichte, wendige Fahrzeuge für den oft auf schmalen Wegen durchzuführenden Zubringerdienst der Post zu den Hauptstrecken zur Verfügung zu haben. Sie hatten einen längeren offenen Wagenkasten zur Aufnahme der Frachtgüter. Der **Spider Phaeton** wiederum erschien in London um das Jahr 1880 im Straßenverkehr. Er eignete sich als besonders leichtes Fahrzeug zur Präsentation der gut gehenden Hackney-Ponys. Den Beinamen Spider erhielt er wegen seiner Leichtigkeit und den großen mit dünnen Speichen ausgestatteten Rädern, die einem Spinnennetz glichen. Im Bundesgestüt Piber wird ein derartiger ob seiner Leichtigkeit sehr geschätzter Phaeton zum Einfahren der jungen Lipizzanerstuten verwendet.

Leichter Parkwagen (Privatsammlung Michelfeit, Laxenburg)

LEICHTE PARKWAGEN

Für kleine Ausfahrten vor allem im eigenen Park mit der Familie waren auch leichte Parkwagen in Gebrauch. Zweispännig gefahrene, in hellen Farben gehaltene Korbwagen mit Dienersitz und Sonnendach boten Platz für bis zu vier Personen und die mitgeführten Picknick-Accessoires. Wichtig war wiederum das exquisite Gesamtbild der Equipage, da man ja häufig in Begleitung befreundeter Familien unterwegs war und auch bei diesem Anlass Geschmack und Reichtum demonstrieren wollte.

Auch für das eigenständige Fahren von kleinen Kindern in den Parkanlagen wurden entsprechende Wagen gebaut, ein so genannter Prinzenkorbwagen ist ein solches Beispiel. Für diesem Korbwagen mit dem original erhaltenen englischen Kumtgeschirr wurden Hunde, Schafe oder auch Ziegen als Zugtiere verwendet.

Der Prinzenkorbwagen wurde zum Selbstfahren von Kindern gebaut (Kutschenmuseum Laa an der Thaya).

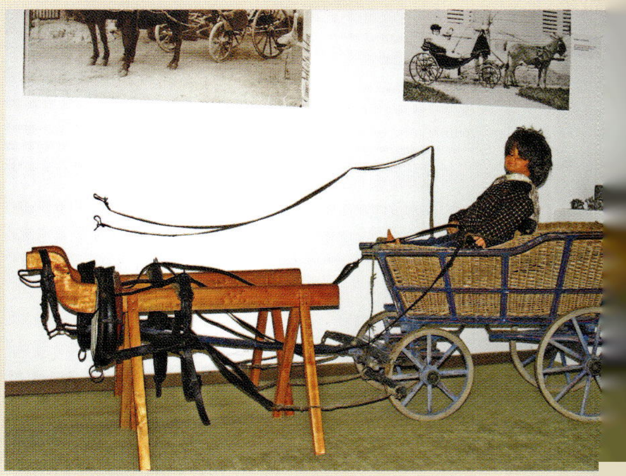

DER VIERRÄDRIGE DOG-CART

Ebenfalls in die Kategorie der Parkwagen gehört der vierrädrige Dog-Cart, mit dem die Herrschaft mit ihren Jagdgästen und den eigenen Jagdhunden zu der in England so beliebten Hetzjagd auf Füchse oder Hasen fuhr. Der Hundeverschlag war unter der Sitzbank untergebracht, durch seitliche Jalousien gut belüftet und von hinten durch Abklappen der Rückwand zu öffnen. Die Seitenwände der Kutsche waren hochgezogen und dienten gleichzeitig als Kotflügel. Das Fahrzeug bot für vier Personen Platz, zwei saßen auf dem Kutschbock, zwei weitere auf der hinteren Sitzbank mit dem Rücken zu Fahrer und Beifahrer. Diese Anordnung wird auch Dos à Dos genannt und ist charakteristisch für den Dog-Cart.

Zusammenfassend kann gesagt werden, dass in der zweiten Hälfte des 19. Jahrhunderts auf gesellschaftlicher Ebene eine zuvor nie gekannte Fahrkultur entstand, die sich über ganz Europa ausbreitete. Besonderen Wert legte man auch auf großzügig ausgebaute Stallungen, Wagenremisen, Geschirrkammern und alles, was zur Haltung der Kutschen nötig war. Die Kleidung der Bediensteten war ebenfalls vorgeschrieben, wurde aber von Haus zu Haus abgewandelt. Trotz aller Reglementierung war jede Kutsche eine Einzellanfertigung, die vom Besitzer nach seinem Geschmack ausgewählt und auch präsentiert wurde. So ist vom Fürsten Esterhazy bekannt, dass er bei seinen Ausfahrten in der Praterhauptallee in Wien mit seinem Built-up Break eine besondere Anspannungsart wählte. Der Viererzug bestand aus zwei Schimmeln und zwei Rappen, die schachbrettartig eingespannt wurden. Er wollte damit dokumentieren, dass er Besitzer sowohl einer Schimmelherde als auch einer Rappenherde war. Man nennt diese Art der Anspannung auch heute noch „Esterhazy-Anspannung".

Im vierrädrigen Dog-Cart fanden vier Personen und deren Hunde Platz. (Sammlung Martin Piffl, Heidenreichstein)

Die aufklappbare Fußstütze für die Fahrgäste gab auch den Zugang zum Hundeverschlag frei.

Ein Fahrer, viele Anlässe – EINACHSIGE FAHRZEUGE

Schönes Gig mit klassischem Kumtgeschirr (Sammlung Martin Piffl, Heidenreichstein)

Einspännig zu fahrende einachsige Wagen werden mit dem Sammelbegriff Gig oder auch Cart bezeichnet. Diese Kutschen sind stets mit großen Rädern ausgestattet und wurden für die unterschiedlichsten Zwecke gebaut. Die Scheren (auch Ansen oder Lanten genannt) sind mit dem Wagenkasten fest verbunden und werden am Pferd über das Selett befestigt. Die Sitzbank muss in der Fahrtrichtung verschiebbar sein, um einen Gewichtsausgleich herbeiführen zu können und so dafür zu sorgen, dass die Kutsche stets im Gleichgewicht ist. Das geringste Ungleichgewicht wird über die Scheren direkt auf das Pferd übertragen und wirkt sich nachteilig bis katastrophal aus. Gigs werden meistens in englischer Kumtanspannung gefahren. Wagenkästen aus Naturholz gaben den historischen Gefährten ein besonders anziehendes Aussehen. Oft hatten sie unter der Sitzbank eine kleine Ladefläche, um verschiedene Güter befördern zu können.

Auch bei den Gigs entwickelten sich viele verschiedene Typen und Größen, allen gemeinsam ist, dass sie grundsätzlich für einen Einzelfahrer konzipiert waren, der nur in Ausnahmefällen einen Beifahrer mitführte. Die Namen dieser Fahrzeuge gingen oft auf den Namen des ersten Besitzers oder eines Wagenbauers zurück: so wurde zum Beispiel der **Tilbury** erstmals in London 1815 von dem Wagenbauer Tilbury erbaut. Eine Besonderheit stellt der **Governess Cart** dar. Er wurde von der Gouvernante, dem Kindermädchen, für die Parkausfahrten mit den Kindern verwendet. Die Fahrerin saß seitlich auf einer Sitzbank tief im Wagenkasten. Der Einstieg in den Wagenkasten war von hinten durch eine verriegelbare Türe gegeben, damit die mitfahrenden Kinder den Fahrgastraum nicht ungewollt verlassen konnten.

Ein weit verbreiteter Wagentyp ist auch der **Stuhlwagen.** In Frankreich nennt man ihn

Dieses extrem leichte amerikanische Gig wird in Brustblattanspannung gefahren.

Stanhope Gig mit geschwungenen Scheren (Privatsammlung Michelfeit, Laxenburg)

Chaise, in England Chair, in den Niederlanden Sjees, in Italien Sediolo. Diese Wagen waren stets einachsige Fahrzeuge mit sehr hohen Rädern, wobei der Wagenkasten der Form eines Stuhles glich. Dieser war meistens reich verziert und wurde für repräsentative Ausfahrten verwendet. Der Sediolo war in der Gegend des Flusses Brenta in Italien während langer Zeit ein Standardfahrzeug und stets reich verziert und bemalt. Gegen Ende des 18. Jahrhunderts wurden mit dem Sediolo wegen seiner Leichtigkeit in Padua auch erste Trabrennen gefahren.

DAS STANHOPE GIG

Das Stanhope Gig ist ein erstmals in England gebautes Fahrzeug. Er erhielt seinen Namen nach dem Geistlichen Earl Fitzroy Stanhope (1787–1864), der dieses Fahrzeug Anfang des 19. Jahrhunderts nach seinen Vorstellungen bauen ließ. Auf der Sitzbank mit einer Rückenlehne haben zwei Personen Platz. Das Gig zeichnet sich durch besonders stark gebogene Scheren aus, die es dem Pferd erleichtern, bei Fahrten durch Wendungen die nötige Längsbiegung anzunehmen. Daraus ergibt sich eine Fahrweise, die das Pferd besonders schont, da ein korrekt gebogenes Pferd weniger schnell verschleißt als jenes, das den Wagen „über die Schulter" durch die Wendungen zieht. Die Scheren sind mit dem Fahrgestell verbunden, wobei hinter dem Wagenkasten mittels einer Plattfeder eine elastische Verbindung der bei-

Die elastische Verbindung der Scheren wird durch eine Blattfeder erzielt. (Privatsammlung Michelfeit, Laxenburg)

den Scheren hergestellt wird. Gefedert wird der Wagenkasten über je zwei in Längsrichtung und zwei in Querrichtung angebrachte Druckfedern.

Der Wagenkasten ist im oberen Teil mit einem Geflecht ausgestattet, der untere Teil ist ein Kasten, der zur Aufnahme von mitgeführten Gegenständen dient. Das Spitzbrett ist mit Leder überzogen, ebenfalls die beiden hoch angesetzten Kotschützer.

Der Dog-Cart mit integriertem Hundekobel war für Tandem- und Random-, aber auch für Curricle-Anspannung beliebt. Ein Handrad unter dem Fahrersitz ermöglichte den Gewichtsausgleich. (Privatsammlung Michelfeit, Laxenburg)

DER DOG-CART

Eine besondere Kategorie der Zweiradfahrzeuge sind die Dog-Carts (englisch „Hundewagen"). Sie wurden in England vor allem für Sportzwecke entwickelt. Unter der Sitzbank befindet sich ein Hundekobel mit seitlichen Schlitzen für die Luftzuführung. Der Gentleman fuhr damit zur Reitjagd und hatte sein Sattelzeug und seine Hunde dabei. Nach der Jagd wurde alles wieder auf den Dog-Cart geladen, das Pferd eingespannt und die Heimfahrt angetreten. Oft wählte man für den Dog-Cart eine Tandem- oder auch Random-Anspannung, bei der zwei beziehungsweise drei Pferde hintereinander eingespannt wurden. Die Vorderpferde, eines beim Tandem, zwei beim Random, waren die Reitpferde, das Pferd in den Scheren wurde ausschließlich als Zugpferd für den Wagen benützt. Das Zugpferd war mit einem Kumtgeschirr, die Vorderpferde, die nichts ziehen durften, mit einem leichten Brustblattgeschirr angeschirrt. Um den Wagen im Gleichgewicht zu halten, war die Sitzbank in der Längsrichtung verschiebbar ausgeführt. Dies konnte durch verschiedene Mechanismen bewerkstelligt werden. Beim einfachsten existierten beiderseits der Sitzfläche Zahnleisten, in denen die Sitzfläche einrastete. Später wurden Kurbeln mit Spindeln zum Verschieben der Sitzfläche angebracht. Bei korrekter Abstimmung der Sitzposition übertrugen sich die Rückenbewegungen der Pferde nur in sehr geringem Ausmaß auf den Kutschbock, was das Fahrgefühl für die Passagiere wesentlich verbesserte.

DER COCKING-CART

Eine Abart des Dog-Cart ist der Cocking-Cart (englisch cock, „Hahn"). Unter der Sitzbank des Fahrers wurden Hahnenkäfige verstaut, wenn man zu den damals sehr beliebten Hahnenkämpfen fuhr. Die Jalousien an der Seite des Wagenkastens gewährleisteten die Luftzufuhr für die mitgeführten Kampfhähne. Der Bock war, wie auch beim Dog-Cart, in der Längsrichtung verschiebbar, um den Gewichtsausgleich zu ermöglichen. Die Cocking-Carts wurden wegen ihrer hoch gelegenen Sitzfläche später gerne als Tandem-Carts verwendet, da die größere Höhe des Fahrersitzes beim Tandem- und vor allem beim Random-Fahren die Übersicht des Fahrers über die Leinenführung erleichterte.

Der nach außen geschwungene Radkasten diente beim Ralli Cart als Kotflügel (Privatsammlung Michelfeit, Laxenburg).

DER RALLI CART

Ein weiterer Einspänner ist der Ralli Cart. Dieser Wagentyp wurde erstmals 1885 in England von der Wagenbaufirma C. S. Windsor & Co. gebaut und erhielt den Namen seines ersten Käufers, eines Mr. Ralli. Es handelt sich bei diesem Wagentyp um einen verkleinerten Dog-Cart. Typisch für diesen Wagentyp ist der tief angesetzte Wagenkasten mit den in den Wagenkasten eingezogenen Scheren. Ein weiteres Merkmal dieser Bauart ist der über die Räder nach auswärts geschwungene Oberteil der Seitenwände, die gleichzeitig als Kotschützer dienen. Die Anordnung der Sitze ist Rücken an Rücken (Dos à Dos) mit zwei Sitzbänken quer zur Fahrtrichtung. Der Hundekobel entfällt. Die Federung wurde oft mit C-Federn, manchmal aber auch mit Ellipikfedern ausgeführt. Der Schwerpunkt des Gefährts liegt tief, woraus sich eine bessere Straßenlage gegenüber dem Dog-Cart ergibt.

Dos-à-Dos-Sitzordnung und C-Feder beim Ralli Cart (Privatsammlung Michelfeit, Laxenburg)

Beim Curricle wird ein einachsiger Wagen von zwei Pferden gezogen.

Scharnier zur Befestigung der Curricle-Stange am Selett (Privatsammlung Michelfeit, Laxenburg)

DAS CURRICLE

Der Ausdruck Curricle bezeichnet keinen Kutschentyp, sondern eine seltene Anspannungsart für einen einachsigen Wagen. Der Name kommt vom lateinischen curriculum, ein „Wagen für Wettrennen", und findet seine Entsprechung auch im französischen Begriff „carrick à pompe.

Die Besonderheit des Curricle ist, dass ein einachsiger Wagen durch zwei Pferde gezogen wird, die an eine Mitteldeichsel gespannt sind. Die beiden Pferde sind in Kumtanspannung zusätzlich mit je einem Selett ausgestattet, das jedoch anstatt des Aufsatzhakens eine Befestigung für eine bewegliche Querstange trägt, die so genannte Curricle-Stange. An dieser Stange ist über einen Lederriemen die Wagendeichsel angehängt. Das Gewicht des Wagens muss so ausgewogen sein, dass über die beiden Selette immer ein leichter Druck auf die Sattellage der beiden Pferde vorhanden ist, um ein Abkippen der Kutsche nach hinten zu verhindern – alles in allem also eine höchst komplizierte Angelegenheit. Dies ist der Grund, warum man diese Anspannung heutzutage so gut wie gar nicht mehr verwendet.

Die für das Curricle verwendeten Wagen waren oft eine Abart des Dog-Cart. Der Wagenkasten war zwar etwas schwerer gebaut, ansonsten aber dem Dog-Cart sehr ähnlich. Die Sitzbank muss beim Curricle immer in Fahrtrichtung verstellbar sein, da aus oben genannten Gründen ein Gewichtsausgleich, öfter auch während der Fahrt, nötig ist. In unserem Beispiel wird dieser Gewichtsausgleich durch ein Rad an der Frontseite des Wagenkastens unter dem Fahrersitz bewerkstelligt (siehe Seite 44).

Das Curricle war Ende des 18. Jahrhunderts vor allem in England gebräuchlich, trotzdem aber selten anzutreffen. Mitte des 19. Jahrhunderts war es eine Anspannungsart für Leute, die ihren Reichtum zeigen wollten. In Paris wurde es auch von jungen Kavalieren bei den gängigen Rennen über die Prachtstraßen benutzt.

Die quer über den Seletten liegende Curricle-Stange stellt die waagrechte Position der Wagendeichsel sicher.

Die beiden Selette sind durch eine Curricle-Stange verbunden, in deren Mitte über einen Riemen die Wagendeichsel befestigt wird.

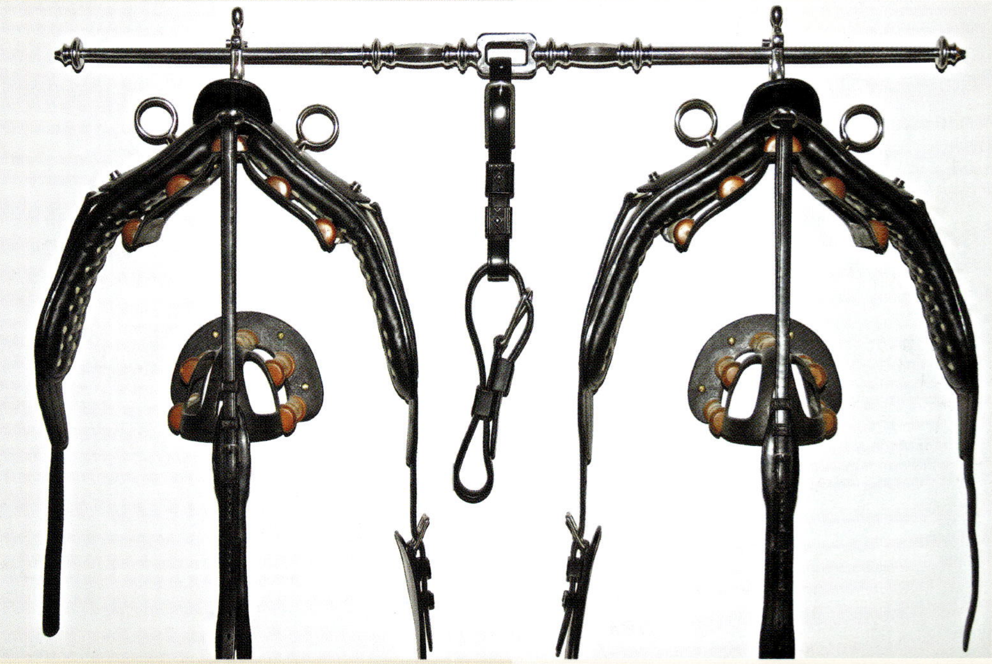

Der Einfluss der Neuen Welt – FAHRZEUGE AUS AMERIKA

Ab der Mitte des 19. Jahrhunderts begann der amerikanische Einfluss auf den europäischen Wagenbau sichtbar zu werden. Zunächst jedoch kamen reiche Amerikaner nach Europa, vornehmlich nach Paris, um die europäische Lebenskultur und auch den europäischen Kutschenbau und die europäische Fahrkunst kennen zu lernen. In Paris waren zu jener Zeit die Engländer Vater und Sohn Edwin und Maurice Howlett als Fahrlehrer tätig und lehrten die englische Viererzugfahrweise. Diese beiden stellten eine Hauptanlaufstelle der lernbegierigen amerikanischen Fahrer dar. Der Sohn war später einige Jahre als Fahrlehrer in den USA tätig.

Nach ihrer Rückkehr nach Amerika ließen amerikanische Fahrer die europäischen Kutschen nachbauen. Bald jedoch begann sich die amerikanische Lebensart auch hier einen neuen Weg zu schaffen. Unbefangen von den europäischen Traditionen wurden neue Werkstoffe eingesetzt. Der Stahl fand Eingang in den Kutschenbau und löste das Gusseisen größtenteils ab. Ebenso wurde das heimische nordamerikanische Hickory-Holz eingesetzt, das sich besonders durch hohe Elastizität und Zähigkeit auszeichnet und vorzüglich für den Radbau geeignet ist. Die Speichen können dünner, die Radfelgen elastischer gehalten werden. Die Räder konnten so bei gleichem Gewicht einen größeren Durchmesser erhalten.

Typisch amerikanische Fahrzeuge hatten durchweg einen Langbaum aus Stahl, eine Sitzbank für ein bis zwei Personen, eventuell ein klappbares Dach mit einer Segeltuchbespannung, sehr große Räder mit extrem breitem Radstand und eine schmale Box als Fahrzeugkasten. Gefedert wurden diese Boxen mit quer liegenden Druckfedern (Doppelelliptikfedern). Um die großen Entfernungen zwischen den Ortschaften rasch bewältigen zu können, spannte man leichte Pferde ein, wie zum Beispiel Appaloosa, Traber, Hackney, aber auch Passgänger. Letztere sind in Amerika sehr beliebt und werden gezielt gezüchtet. Es gibt sogar heute noch eigene Rennen für Passgänger.

In Amerika begann auch die Serienfertigung von Einzellteilen in eigenen Firmen und bald wurden ganze Kutschen in Serie gefertigt. Dies bedeutete eine wesentliche Reduktion der Kosten. Die Einführung der Dampfmaschine spielte auch hier eine erhebliche Rolle bei der Beschleunigung und Qualitätsverbesserung der Produktion. Diese Entwicklung zeigte bald auch in Europa Auswirkungen. Die amerikanische Konkurrenz wurde so groß, dass sich die europäischen Kutschenbauer davon nicht ausschließen konnten. Es entstanden nun auch in Europa, vor allem in Frankreich, aber auch in Deutschland und Österreich, eigene Wagenmanufakturen, wie zum Beispiel die Firma Peugeot Frères in Valentigney und die Firma Jacob Lohner & Co in Wien.

Trotzdem blieb die amerikanische Präsenz auf dem Billigwagensektor unübersehbar. Die amerikanischen Kutschenbauer bearbeiteten den europäischen Markt systematisch mit ihren Verkäufern. In Amerika bestanden in der zweiten Hälfte des 19. Jahrhunderts bereits einige Firmen (Studebaker, Roger & Company und Wood Brothers Cie. et cetera), die jeweils bis zu 60.000 Fahrzeuge jährlich auslieferten. Exportiert wurden die Kutschen zerlegt in Kisten, und das nicht nur nach Europa, sondern auch nach Australien und Südafrika. In Südafrika verwendete man als Zugtier für diese sehr leichten Wagen auch den Vogel Strauß.

Als Gegenmaßnahme zur amerikanischen Vormachtstellung auf dem Markt wurden in England Schulen für die Aus- und Weiterbildung von Kutschenbauern errichtet, die jährlich strenge Prüfungen abhielten. Es entstan-

Klassischer Buggy mit breitem Radstand, dünnen Speichen und schmalem Wagenkasten (Privatsammlung Michelfeit, Laxenburg)

den auch neue Berufszweige, wie der des „carriage draughtsman“, der „full size working drawings“, das heißt die Kutschenpläne (Werkzeichnungen, zuerst in Originalgröße) anfertigte. Diese waren unbedingte Voraussetzung einer erfolgreichen Serienfertigung.

Ein typisches Detail des Buggy ist seine Federung über quer liegende Doppelelliptikfedern (Privatsammlung Michelfeit, Laxenburg).

BUGGY UND BOX BUGGY

Für die amerikanische Bauweise typisch war und ist der Buggy, ein äußerst leichtes Fahrzeug. Sein Wagenkasten ist extrem schmal und wird mit doppelten Blattfedern auf den aus Eisenstäben gebildeten Langbaum aufgesetzt. Das Verdeck ist nach hinten aufklappbar. Die Spurbreite des Buggy ist groß ausgelegt, alle vier Räder sind gleich groß und aus dem extrem zähen und leichten Hickory-Holz gefertigt.

Der Ausdruck Buggy ist ein Sammelbegriff für alle leichten Fahrzeuge in Amerika. Je nach Art der Kastenform sind verschiedene Bezeichnungen gebräuchlich. Auch gab es leichte Unterschiede in den nördlichen und südlichen Gebieten Amerikas. Allen gemeinsam aber waren die leichte Bauweise und die großen Räder. Gefahren wurden sie meistens als Einspänner mit schnellen Pferden. „Zeit ist Geld“ war immer schon die Devise in Amerika und so benötigte man schnelle Fahrzeuge, um die weiten Entfernungen zwischen den Ortschaften rasch zurücklegen zu können.

Ein etwas kompakteres Modell ist der Box Buggy. Sein Wagenkasten ist etwas breiter und seine Vorderräder sind kleiner als die Hinterräder ausgeführt, damit wird das Kurvenfahren erleichtert.

Der Einfluss der amerikanischen Leichtbauweise hatte auch nachhaltige Wirkungen auf den europäischen Wagenbau. So galt in der zweiten Hälfte des 19. Jahrhunderts die Devise: „Ein guter Wagen muss die amerikanische Leichtigkeit, den französischen Geschmack und den englische Komfort aufweisen.“

Der Box Buggy zeichnet sich durch etwas kleinere Vorderräder und einen breiteren Wagenkasten aus (Privatsammlung Michelfeit, Laxenburg).

Diese „minimalistische“ Form eines Spider kann als Vorläufer des Sulky gesehen werden und ist eine absolute Rarität (Privatsammlung Michelfeit, Laxenburg).

DER SPIDER

Als Spider (englisch „Spinne“) wurden immer sehr leicht gebaute Phaetons mit oder ohne Verdeck bezeichnet. Auch heute noch werden leichte Dressurwagen nach dieser Bauart hergestellt. Der Wagenkasten war selbsttragend, die Vorderräder etwas kleiner als die Hinterräder und der quer gestellte Sitzbock für zwei Personen ausgelegt. Hinter der Fahrerbank war für den Diener eine leichte lehnenlose Sitzbank angebracht, die für eine oder auch zwei Personen ausgelegt war. Gefahren wurden die Spider ein- oder auch mehrspännig.

Der moderne Wettbewerb – DIE TURNIERFAHRZEUGE

Das erste Fahrturnier für Zweispänner fand 1979 in Österreich statt.

Die Gründung der FEI-Sektion Fahrsport (Abkürzung für Fédération Equestre International) fand 1969 in Bern statt. Heute ist das Büro der FEI weiterhin in der Schweiz beheimatet, hat seinen Sitz aber in Lausanne. In der ersten Zeit wurden nur Vierspänner-Turniere ausgetragen, die stets sehr aufwendig waren und noch sind, musste doch jeder Starter neben der entsprechenden Kutsche über ein gut ausgebildetes und zusammengespieltes Quartett von Pferden und dazu im Optimalfall ein oder zwei Ersatzpferde verfügen. Dadurch war der Fahrsport über einen längeren Zeitraum auf eine kleine Zahl begüterter Fahrer beschränkt. Um der ständig wachsenden Gemeinschaft der Zweispänner-Fahrer ebenfalls eine Möglichkeit zu geben, ihr Können bei Championaten zu zeigen, wurde auf Anregung von Hofrat Dr. Heinrich Lehrner – in jener Zeit Leiter des Lipizzanergestüts Piber und ein überzeugter Gespannfahrer – im Jahr 1979 das erste internationale Zweispänner-Turnier in Laxenburg bei Wien abgehalten. Der „Donau-Alpen-Pokal" ist seither eine ständige Einrichtung im Turnierjahr für Zweispänner geworden. Er findet jährlich abwechselnd in den Ländern des Donau-Alpen-Bereiches statt. Die erste Zweispänner-Weltmeisterschaft wurde erst 1987 in Riesenbeck in Deutschland abgehalten.

Die Entwicklung der Fahrbewerbe machte aber bei den Zweispännern nicht Halt. Auch die Einspänner-Fahrer wollten sich national und international messen. Wieder ging die Anregung von Österreich aus. Die erste internationale Einspänner-Konkurrenz fand im August 1986 in Thürntal statt – einem kleinen ländlichen Ort am Rande der Wachau (Niederösterreich). 40 Einspänner aus ganz Europa waren gekommen, um an dem in Anlehnung

Linzerwagen in klassischer Landanspannung

Die erste internationale Einspännerkonkurrenz wurde 1986 in Österreich abgehalten.

an das FEI-Reglement durchgeführten Vielseitigkeitsturnier teilzunehmen. Der Einspännersport hatte damit seine Feuertaufe bestanden und ist seither fester Bestandteil des Fahrturnier-Kalenders.

Ein weiterer Impuls in Richtung internationales Turnierwesen ging wiederum von Wien aus: Im Jahr 1987 setzte der international bekannte Fahrer Ewald Welde auf der traditionsreichen Wiener Galopprennbahn Freudenau einen weiteren Akzent im Fahrsport: Er richtete die erste Nationen-Mannschaftswertung im Gespannfahren aus, wobei jede Mannschaft aus je einem Einspänner, einem Zweispänner und einem Vierspänner bestand. Diese Art des Bewerbes wurde damals „Driving Complet" genannt. Bei der Ponyweltmeisterschaft 2003 war das FEI-Regelment bereits so weit neu gefasst, dass diese Wettbewerbsart nun auch als offizieller Bestandteil der Weltmeisterschaft ausgetragen wurde.

In den letzten 30 Jahren hat sich also das Turnierwesen in allen Sektoren des Gespannfahrens rapide entwickelt. Waren es zuerst nur Turniere mit Vierspännern, sind es heute sowohl Ein- als auch Zwei- und Vierspänner, welche die nationale und internationale Szene beherrschen. Wurden früher Fahrturniere von durchschnittlich 20 bis 30 Teilnehmern besucht, so sind heute Teilnehmerzahlen von

Der Spider ist eine der beliebtesten Dressurkutschen im modernen Sport. Foto: Kühnle

100 und mehr Gespannen eine Selbstverständlichkeit geworden.

Ein Fahrturnier ist ein klassisches Vielseitigkeitsturnier und besteht aus drei Prüfungen:

Prüfung A1 – die Gespannkontrolle
Prüfung A – die Dressur
Prüfung B – der Marathon
Prüfung C – das Hindernisfahren

Mit dieser Entwicklung musste auch der Kutschenbau Schritt halten. Für ein Vielseitigkeitsgespann-Turnier sind zwei Kutschentypen vorgeschrieben. Für die Prüfung A, A1 und die Prüfung C sind Dressurkutschen notwendig, für die Prüfung B ist ein Marathonwagen unbedingt erforderlich.

DER DRESSURWAGEN

Die moderne Dressurkutsche ist der Tradition entsprechend eine Kutsche, die nach alten herkömmlichen Formen mit neuen Techniken nachgebaut wird. Ziel ist es dabei vor allem, die Gespannkultur zu pflegen, wobei aber die Kutsche den modernen Anforderungen der Aufgabenstellung des Turniersports entsprechen muss. Zur Wiederbelebung der traditionellen Kutschenformen werden diese neu konzipiert und neue Werkstoffe und neueste technische Entwicklungen, immer im Hinblick auf die neu gestellten Anforderungen, eingesetzt. Das Regelwerk der FEI schreibt für Kutschen Mindestspurbreiten und Mindestgewichte vor, die selbstverständlich eingehalten werden müssen. Scheibenbremsen, Federungen und ausgereifte Stoßdämpfer sind heute

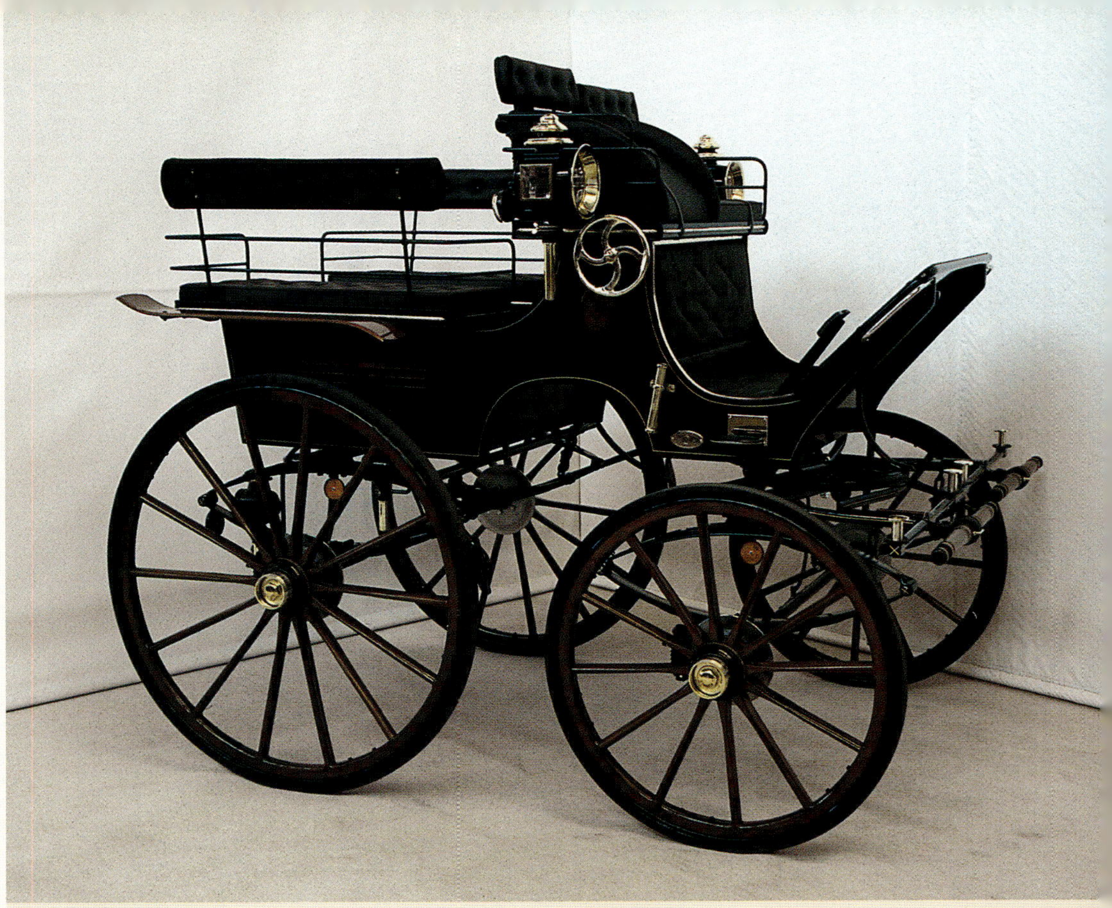

Moderner Nachbau einer Break Wagonette
Foto: Kühnle

Spider in Landanspannung vor Schloss Piber in der österreichischen Steiermark

Eleganter Spider in korrekter Stadtanspannung

Manchmal ist bei Turnieren auch ein Stilmix zu sehen: Man beachte das Brustblattgeschirr in Kombination mit der Kleidung von Fahrer und Beifahrer – das gibt Punkteabzug bei der Gespannkontrolle.

auch bei Dressurwagen selbstverständlich geworden. Diese Entwicklung ist natürlich zu begrüßen, da sie neben dem Sicherheitsaspekt für Pferd und Fahrer auch einen pferdeschonenden Einsatz im Turniersport gewährleistet.

Bei den gängigen Dressurfahrzeugen handelt es sich um Nachbauten verschiedener am Ende des 19. und Anfang des 20. Jahrhunderts gebräuchlicher Wagentypen: Der Jagdwagen, der Phaeton, die Wagonette, der Break und viele andere Typen sind im heutigen Turniersport zu sehen. Nicht zu vergessen ist in diesem Zusammenhang auch das Gig in allen seinen Ausprägungen als Einspännerfahrzeug erster Klasse.

Beim Dressurwagen kann der Besitzer alle seine Wünsche bezüglich Stil, Anspannungsart und persönlichem Geschmack spielen lassen. Eine Dressurvorführung wird dadurch zu einer Augenweide für den Zuseher. Das harmonische Abstimmen der Pferde, des Geschirres und des Wagens mit der Ausrüstung des Fahrers und seiner Helfer ist eine besondere Herausforderung für jeden Starter und führt im Grunde jene Tradition fort, die bereits vor über 150 Jahren durch die englischen Fahrclubs begründet wurde (siehe auch Kapitel „Parkwagen").

Grundsätzlich gibt es zwei Anspannungsarten, die auch heute noch bei Fahrturnieren Verwendung finden: die Landanspannung und die Stadtanspannung.

Die Landanspannung erlaubt dem Besitzer eine breite Entfaltung seiner Vorstellungen. Es handelt sich um eine Brustblattanspannung, die keinen ganz strikten Regeln unterliegt, sondern dem Besitzer relativ freie Wahl in der Zusammenstellung seiner Equipage und der Ausstattung des Fahrers und seiner Beifahrer lässt. Vorgeschrieben ist für den Fahrer ein

Anzug mit weichem Hut, eine Bockdecke sowie Handschuhe und eine Stockpeitsche. Die Beifahrer – einer beim Ein- und Zweispänner, zwei beim Vierzug – sollen ebenfalls einen Anzug mit weichem Hut tragen. Der Anzug der Beifahrer soll sich von jenem des Fahrers abheben und etwas einfacher sein. Handschuhe sind ebenfalls vorgeschrieben. Bei den Zäumungen der Pferde sind nur Doppelringtrensen und Postkandaren erlaubt. Andere Gebisse dürfen nicht verwendet werden – Hackamore, Hilfs- und Aufsatzzügel sind verboten.

Der Wagen muss zu den Pferden passen. Elegante Stadtfahrzeuge können nicht durch Haflinger gezogen werden, hingegen passt ein Steirerwagen vorzüglich zu diesem Pferdetyp. Eine Victoria benötigt edlere Pferde wie zum Beispiel Lipizzaner. Hier wird man aber wohl eher die Stadtanspannung wählen.

Im Gegensatz dazu ist die Stadtanspannung an strikte Vorschriften gebunden. Das englische Kumt für die Pferde, die Livree für die Grooms, deren Aussehen detaillierten Richtlinien unterliegt, und der Stresemann für den Fahrer, verbunden mit Zylinder oder Melone, geben dem Gespann einen außergewöhnlich noblen Gesamteindruck.

Die Bockdecke muss in den Farben des Wagenkastens gehalten sein und kann eventuell auch ein Hauszeichen aufgestickt tragen. Zur Kumtanspannung wird immer eine Bogenpeitsche verwendet. Als Gebisse kommen alle englischen Fahrgebisse infrage, wie zum Beispiel die Liverpool-Kandare, die Ellenbogenkandare, die Tillbury-Kandare oder die Buxton-Kandare, alle mit frei beweglichen Kandarenbäumen.

An dieser Stelle sei noch ein Hinweis zur Passform des Kumts gestattet. Das Kumtkissen muss so auf dem Pferd aufliegen, dass die Bewegungsfreiheit des Ganges nicht gestört wird. Es darf daher nicht zu klein, aber auch nicht zu groß sein. Es soll auf den Schulterblättern so aufliegen, dass die Schulterblattgräte die Begrenzung nach hinten darstellt. Die birnenförmige Innenform des Kumts sollte selbstverständlich sein. In einem guten Stall sind daher für jedes Pferd verschiedene Kissengrößen nötig, was diese Anspannungsart sehr verteuert.

Der Aufwand, ein Gespann in korrekter Stadtanspannung zusammenzustellen, ist recht groß und wird nur von einigen wenigen Fahrern gepflegt. Sie ist Ausdruck der traditionellen Gespannkultur und daher besonders hervorzuheben.

DER MARATHONWAGEN

Der Marathonwagen kann als reines Zweck- und Sportfahrzeug bezeichnet werden. In der Vielseitigkeit entscheidet sich der Turniererfolg meistens in dieser Teildisziplin. Vielfach wird der Marathon auch als die Königsdisziplin des Fahrsportes bezeichnet. Dementsprechend wichtig ist die technische Ausgestaltung jener Kutsche, mit der ihr Besitzer diesen anspruchsvollen Bewerb bestreitet.

Die Prüfung besteht aus einer Streckenfahrt in verschiedenen Gangarten, die innerhalb eines festgesetzten Zeitlimits zu bewältigen ist. Die Gesamtstrecke hat eine Länge von 17 bis 25 Kilometer und ist in fünf Phasen unterteilt. Die A-Phase ist eine Aufwärmphase, wobei die Gangart der Pferde vom Fahrer frei wählbar ist. Die Pferde sollen nach diesem Abschnitt locker im Gespann gehen. Die B-Phase wird im Schritt durchfahren und ist immer 1.000 Meter lang. Hier wird der Gehorsam der Pferde besonders getestet. Es schließt sich eine Zwangspause von zehn Minuten an. Die C-Phase ist eine Schnelltrabphase. Hier müssen die Pferde Kondition zeigen. In der D-Phase, einer weiteren Schrittperiode von 1.000 Meter Länge, ist wieder der Gehorsam gefragt. Nach dieser Strecke findet erneut eine kontrollierte Pause von zehn Minuten statt. Hier erwartet das Gespann ein Tierarzt, der die Verfassung der Pferde beurteilt und den anwesenden Richter über die Kondition der Pferde unterrichtet. Sollten Bedenken bestehen, die Pferde in den sehr anstrengenden nächsten Abschnitt gehen zu lassen, wird der Richter den Ausschluss des Teilnehmers veranlassen. Gegen diesen Richterentscheid gibt es keine Einspruchsmöglichkeit. Hier kommt der Tierschutz voll zum Tragen.

Die E-Phase ist der schwierigste Teil des Marathonbewerbes. Neben der Bewältigung der gesamten Strecke im Trab sind je nach Klasse des Bewerbs vier bis acht Hindernisse zu absolvieren, wobei jedes von ihnen wiederum aus vier bis sechs Durchfahrten besteht. Die Reihenfolge und die Richtung der Durchfahrten sind vorgeschrieben. Die Zeit, die der Teilnehmer benötigt, um ein solches Hindernis zu durchfahren, wird gestoppt, wobei innerhalb einer festgelegten so genannten Sperrzone um das Hindernis jede Gangart der Pferde erlaubt ist. Die Durchfahrtszeit wird in Strafpunkte umgerechnet, also wird jeder Fahrer bemüht sein, ein Hindernis so schnell wie möglich zu bewältigen. Die Hindernisstrafpunkte zusammen mit anderen möglichen Strafpunkten des Teilnehmers auf der Strecke ergeben sein Gesamtergebnis für den Mara-

Der Marathon gehört zu den spektakulärsten Wettbewerben im Pferdesport. Mensch, Tier und Material sind höchster Beanspruchung ausgesetzt.

Zweispänner im Marathonbewerb bei der Pony-Fahrweltmeisterschaft in Karlstetten/Östereich 2003

Der Vierspänner-Marathon wird mit zwei Beifahrern bestritten, die die schwere Kutsche im Gelände ausbalancieren.

thon. Der Marathonbewerb ist stets eine besondere Attraktion für die Zuschauer. Das Durchfahren der Hindernisse hat eine eigene, mitreißende Dynamik, die einen besonderen Reiz auf alle Beteiligten ausübt.

Für diese Herausforderung sind die Marathonwagen gebaut. Die Bauweise unterscheidet sich in Größe und Gewicht nach der Anzahl der eingespannten Pferde. So gibt es Einspänner-, Zweispänner- und Vierspänner-Marathonwagen. Einspänner-Marathonwagen

Jedes Hindernis eines Marathon-wettbewerbs besteht aus vier bis sechs Durchfahrten.

Der Vierspänner-Marathonwagen für Großpferde bringt mindestens 600 Kilogramm auf die Waage. Foto: Kühnle

Einspänner-Marathonwagen haben ein Mindestgewicht von 90 Kilogramm für Ponys.

haben ein Mindestgewicht von 150 Kilogramm für Großpferde und 90 Kilogramm für Ponys aufzuweisen. Zweispänner-Marathonwagen für Großpferde wiegen mindestens 350 Kilogramm, jene für Ponys 225 Kilogramm, wohingegen ein Vierspänner-Marathonwagen 600 Kilogramm (Großpferde) beziehungsweise 300 Kilogramm (Ponys) auf die Waage bringt.

Allen gemeinsam ist ihre extreme Wendigkeit, die starke Bremskraft der Vorder- und Hinterräder sowie die Stabilität in jeder Richtung. Die Radnaben sind versenkt, um ein Hängenbleiben des Wagens in den oftmals recht engen Hindernissen zu verhindern. Die Stangen sind in jedem Fall mit Federungen und Stoßdämpfern versehen. Scheibenbremsen an allen vier Rädern gehören zur Normalausrüstung. Auch Einzelradaufhängungen mit Luftfederungen und Stoßdämpfern sind weit verbreitet. Lenkverzögerungen – der Wagen läuft noch ein Stück in der alten Richtung weiter, während die Pferde bereits in die Wendung gegangen sind – und sogar Wagen, die zusätzlich mit einer lenkbaren Hinterachse ausgestattet sind, werden auf dem Markt angeboten. Manche Fahrzeuge verfügen auch über eine integrierte Deichselverkürzung, die bei einem Lenkeinschlag die Deichsel automatisch um bis zu 30 Zentimeter verkürzt. Alle diese Vorrichtungen dienen dazu, die in den Hindernissen geforderten engen Wendungen möglichst rasch durchfahren zu können.

Es handelt sich bei den Marathonwagen also um Spezialfahrzeuge, die mit den Boliden der Formel I vergleichbar sind.

Ausbildung von Fahrer und Pferd heute – DIE LEHRFAHRZEUGE

Die Entwicklung der letzten Jahre hat gezeigt, dass europaweit ein sprunghaft ansteigendes Interesse am Pferdesport im Allgemeinen und für das Gespannfahren im Besonderen besteht. Daraus ergibt sich die Notwendigkeit, den Interessenten die Grundkenntnisse nachdrücklich zu vermitteln, damit die Betätigung mit dem Pferd tatsächlich für den Einzelnen auch zur Freude wird.

Seit den frühen 50er-Jahren des vorigen Jahrhunderts wurde das Pferd durch die unerwartet schnelle Mechanisierung der Landwirtschaft von seinen angestammten Positionen verdrängt. Hand in Hand damit gerieten aber auch die Nebengewerbe der Pferdewirtschaft wie Hufschmied, Sattler, Wagner und viele andere mehr ins Abseits. Heute wird dieses Wissen wieder gebraucht und muss teilweise mühsam aus alten Unterlagen neu erarbeitet werden. Die wissende ältere Generation hatte diese Kenntnisse nicht an ihre Nachkommen weitergeben können, da von dieser Seite kein Interesse bestand, sich mit diesen Techniken zu beschäftigen. Heute ist die Landwirtschaft mit einer neuerlichen Umstrukturierung konfrontiert. Durch die Globalisierung sind viele althergebrachte Erwerbszweige in der Landwirtschaft unwirtschaftlich geworden. Der Landwirt ist daher gezwungen, sich nach neuen Erwerbsquellen umzusehen, wobei eine dieser Möglichkeiten die wachsende Freizeitwirtschaft darstellt. Noch nie hatte die städtische Bevölkerung so viele Möglichkeiten zur Gestaltung der Freizeit wie heutzutage. Dazu gehört auch die Beschäftigung mit dem Pferd. Damit ist eine neue Möglichkeit entstanden, auf breiter Basis die Existenz des Pferdes zu rechtfertigen und damit auch seine Art zu erhalten.

Für den Landwirt ergibt sich in der Folge eine Möglichkeit, seine angestammten Ressourcen in diesen Erwerbszweig einzubringen. Heu, Stroh, Hafer und andere Futtermittel werden von ihm produziert und den in seinen Gebäuden eingestellten Pferden verfüttert. Die Aufzucht und Pflege der Tiere sowie das Abrichten zum Gebrauch durch den Freizeitreiter sind weitere Tätigkeiten für den Stallbetreiber. Statistiken zeigen, dass drei Pferde einen Arbeitsplatz sichern, ein wesent-

Die Pferdewirtschaft und damit das Fahren erlebt im ländlichen Bereich einen ungeahnten Aufschwung.
Foto: C. Peschl

licher Faktor in der heutigen Zeit. Zusätzlich werden von den Reitern und Gespannfahrern noch weitere Ausgaben in der Region gemacht, welche die Wirtschaft nachhaltig beleben. Der gestresste Städter findet in der Natur einen besonderen Erholungswert beim Umgang mit dem Pferd.

Aus diesen Gegebenheiten ergibt sich aber auch die Notwendigkeit, das Wissen um die Pferdewirtschaft sowohl dem Landwirt als auch dem neuen Pferdeeigentümer nahe zu bringen. Es haben sich in den letzten Jahren neue Berufsgruppen wie zum Beispiel die Pferdewirte gebildet. Diese werden in den landwirtschaftlichen Fachschulen und den traditionelle Gestütsbetrieben in mehrjährigen Lehrgängen ausgebildet. Für die älteren Interessenten, vor allem jene Landwirte, die auf die Pferdehaltung umsatteln wollen, werden entsprechende Aus- und Weiterbildungskurse angeboten. Dabei werden umfassendes Wissen in allen Bereichen der Pferdehaltung sowie grundlegende Kenntnisse im Reiten und Fahren vermittelt. Daneben hat in den letzten Jahren in den einzelnen Instituten vor allem die Ausbildung der Gespannfahrer, von denen nicht wenige auch ihren Weg in den aktiven Turniersport suchen, eine sprunghafte Entwicklung genommen.

Für diese Ausbildungszwecke wurden von den Kutschenbauern eigene Fahrzeuge entwickelt, die unter dem Sammelbegriff Lehrfahrzeuge zusammengefasst werden können. Diese sollen besonders robust und für die Fahrer bequem sein. Die Schönheit ist dabei nicht so gefragt. Wichtig ist, dass sie auch manche Ungereimtheiten des Schülers verkraften können, ohne gleich reparaturbedürftig zu werden. Fahren über die Bordsteinkante, Hängenbleiben bei einer Toreinfahrt, abruptes

Pferdewirte werden in traditionellen Gestüten und landwirtschaftlichen Fachschulen auch im Fahren ausgebildet, so wie hier in der Landwirtschaftlichen Fachschule Edelhof/Niederösterreich.

Lehrfahrzeuge sind besonders robust. Bequeme, gefederte Sitze für Fahrer und Lehrer sind eine Notwendigkeit.

Abbremsen mit den Vorderrädern oder das Umkippen bei engen Kurzkehrtwendungen durch das Eindrehen der Vorderräder unter den Wagenkasten dürfen zu keinen nachhaltigen Schwierigkeiten führen. Dazu kommt noch, dass die Lehrpersonen mehrere Stunden täglich auf diesen Kutschen verbringen müssen. Hier ist der gut gefederte Sitz eine Unumgänglichkeit, um die Bandscheiben nicht zu sehr zu beleidigen.

Die alten Breaks sind heute nur mehr selten anzutreffen. Es müssen daher auch für die Mehrspänner-Ausbildung Wagen mit hohem Kutschbock bereitgestellt werden. Daneben werden für die Ausbildung zum Turnierfahrer auch Trainingsmarathonwagen benötigt.

Der Trainingsmarathonwagen muss schwer gebaut sein und darf in keiner Situation zum Kippen neigen.

Jede Trainingskutsche sollte über eine solide Luftfederung verfügen.

Auch das Fahren mit dem Vierspänner gehört zur Ausbildung eines Pferdewirts (Landwirtschaftliche Fachschule Edelhof/Niederösterreich).

Diese müssen besonders fest gebaut sein, um die Einschulung der werdenden Turnierfahrer zu gewährleisten. Besonders darauf zu achten ist im letzteren Fall, dass bei der Betätigung der Bremseinrichtung ein ungewolltes Umkippen des Wagens vermieden wird. Einige Modelle von Marathonkutschen sind daher für den Schulbetrieb ungeeignet, weil sie, sobald der Fahrlehrer neben dem Schüler auf dem Kutschbock sitzt, kopflastig werden. Der entlastete Hinterwagen neigt, wenn kein Beifahrer auf dem hinteren Teil des Wagens steht, zum Schleudern – eine sehr gefährliche Eigenschaft.

Die Ausbildung der Pferde für das Gespannfahren erfolgt auch heute nach den klassischen Regeln: anlongieren des rohen Pferdes mit der einfachen Longe, Fortbildung mit der Doppellonge, ziehen lernen mittels einer Schleppe. Das erste Einspannen ist immer ein gewisses Wagnis und muss in voller Ruhe erfolgen. Es darf dabei möglichst keine Ungereimtheiten geben. Welche Anspannungsart der Ausbilder wählt, ist Geschmackssache. Ich ziehe den Zweispänner mit einem absolut sicheren vierbeinigen Lehrmeister vor. Das junge Pferd hat dadurch eine Stütze im erfahrenen Artgenossen, was die Sache wesentlich erleichtert. Gibt es die Möglichkeit, das junge Pferd in einen Viererzug als Vorauspferd einzuspannen, wirkt sich hier der natürliche Herdentrieb positiv aus. Am schwierigsten ist es, gleich mit dem Einspänner zu beginnen. Hier fehlt dem Jungtier jegliche Anlehnung an einen Artgenossen. Es ist auf die Hilfen des Fahrers angewiesen und kann bei schwierigen Situationen schreckhaft reagieren, nicht immer zum Vorteil des Fahrers. Was das Ausbildungsfahrzeug betrifft, so ist stets ein vierrädriger schwerer Wagen vorzuziehen. In jedem Fall muss der Kutscher bei seiner Aufgabe durch zwei bis drei pferdekundige Helfer unterstützt werden.

MODERNES PLEASURE DRIVING

Heutzutage werden wieder vermehrt Ein- und Mehrtagesfahrten mit den unterschiedlichsten Gespannen unternommen. Foto: C. Peschl

Für den Freizeitfahrer, der Tagesausfahrten und/oder Mehrtagesstreckenfahrten unternimmt, gibt es eine Vielzahl an Kutschen, die den modernen Verkehrsanforderungen entsprechen und doch stilvolle Nachbauten traditioneller Fahrzeuge darstellen. Manche Sammler haben sich auch zum Ziel gesetzt, alte Kutschen zu restaurieren und mit diesen zu fahren, wobei die Verkehrssicherheit eine besondere Beachtung gefunden hat.

DRIVING FOR PLEASURE – FAHREN ZUM VERGNÜGEN

Heutzutage werden wieder häufiger gemeinsame Tages-, oft auch Mehrtagesfahrten mit den verschiedensten Gespannen unternommen. Die Vielfalt der Pferderassen ist bei diesen Fahrten meist sehr groß. Vom Kaltblüter bis zum Shetlandpony können alle Rassen gemeinsam angetroffen werden. Die Veranstalter dieser Fahrten müssen sich auf das schwächste Gespann einstellen und danach die Anforderungen ausrichten. Ein gewisses Problem stellt dabei oft die Kondition der Pferde dar. Häufig sind die Pferde nicht genügend vorbereitet worden, sei es aus Zeitmangel des Fahrers, sei es aus Unwissenheit um die zu erwartenden Anforderungen. Hier muss der Verantwortliche des Veranstalters Rücksicht auf diese Pferde nehmen oder darauf bestehen, dass das entsprechende Gespann die Fahrt abbricht. Die Aufmachung der Gespanne und die Kleidung der Fahrer sind natürlich bei derartigen „Vergnügungsfahrten" mit denen des 19. Jahrhunderts nicht zu vergleichen. Der Lebensstil der Gesellschaft hat sich grundsätzlich gewandelt und die Gespannkultur ist vielfach in Vergessenheit geraten. Die legere Lebensweise des heutigen Menschen vor allem in der Freizeit hat zu diesem Verfall wesentlich beigetragen. Schade um diese alten Werte! Das grundsätzliche Vergnügen für die Gespannfahrer und deren Gäste jedoch ist geblieben.

Das moderne Pleasure Driving bietet auch dem gestressten Städter die Möglichkeit zu entspannter Freizeitgestaltung. Foto: H.A. Krasensky

TRADITIONSWETTBEWERBE – ALTE WERTE, NEUE REGELN

In Belgien nahe der Pferderennbahn Warechem liegt das Schloss Nokere. Sein Besitzer Baron Casier ist vehementer Verfechter der Gespannkultur. Er pflegt seit Jahren die Tradition der Equipagen, wie sie in England und Frankreich Ende des 19. Jahrhunderts gebräuchlich war. Die deutsche FN (Abkürzung für Fédération Nationale, der deutsche Reisportverband in Warendorf) hat diese Bemühungen nun in einem Regelwerk gewürdigt, das versucht, die alten Kutschen, ihre Bespannung und die Aufmachung des gesamten Gespannes einer wettbewerbsmäßigen Regelung zuzuführen. Auch in den großen Gestüten hat man seit eh und je die Tradition des Gebrauchs von alten Kutschen gepflegt. Die traditionellen Gestütsuniformen von Fahrern, Beifahrern und dem Personal setzen einen weiteren Glanzpunkt und daher nehmen die Zuschauer bei den jährlichen Hengstparaden in den großen Gestüten die damit verbundene Präsentation der Gespanne stets mit Begeisterung auf.

Immer mehr Kutschenbesitzer und Pferdehalter wollen sich in ihrer Freizeit keinem weiteren Stress aussetzen, der in der Arbeitswelt heute unumgänglich ist. In der Freizeit will man sich entspannen, um für die nächste Arbeitswoche gerüstet zu sein. Das Gespannfahren gibt dazu im Besonderen Gelegenheit. Der Kutschenbesitzer kann mit seiner Familie, seinen Freunden und Bekannten die wenigen Stunden außerhalb der beruflichen Anstrengungen gemeinsam verbringen. Eine erneute Jagd nach Sekunden ist in diesem Fall nicht angebracht, hingegen kommt man immer mehr zur Auffassung, dass auch die alten Formen und Gebräuche des Gespannfahrens ihren Erholungswert haben. Die heute gängigen Turniere können dies nicht bieten, da sie (zumindest zum Teil) auf Geschwindigkeit ausgerichtet sind. Neue Formen des gemeinsamen Erlebens beim Gespannfahren werden angestrebt. Diesem Trend Rechnung tragend, sind von der deutschen FN verschiedene Anregungen ausgearbeitet worden. Diese sind bereits in Erprobung und haben sich, so weit bisher feststeht, gut bewährt.

DRESSURPRÜFUNG NEU – DIE KÜR FÜR GESPANNFAHRER

Auch im Fahrsport gibt es ähnlich wie in der Reiterei Ansätze, neue, kreativere und damit auch publikumswirksamere Wettbewerbe in die Turniere aufzunehmen. Die Dressurprüfung soll demnach vermehrt in Form von „Musik-Küren" durchgeführt werden, was im Jahr 2003 beim CHIO (Concours Hippique International Officiel) in Aachen, dem Weltfest des Pferdesports, bereits zu einem durchschlagenden Erfolg führte.

Wesentlicher Bestandteil und unabdingbare Voraussetzung aller Kür-Dressurprüfungen bleibt die genaue Beachtung der Reit- und Fahrlehre und die Skala der Ausbildung. Der Ausbildungsstand der Pferde und das Können des Fahrers sind dabei die maßgebenden Kriterien. Auf einem Dressurviereck von 40 mal 80 Meter soll eine mit der gewählten Musik harmonisierende Dressurvorstellung geboten werden, wobei die Dauer der Vorführung etwa fünfeinhalb bis sechs Minuten betragen soll. Einige Grundfiguren sind zwingend vorgeschrieben. Diese müssen im Gesamtprogramm vorkommen, können allerdings wiederholt und durch andere Lektionen, die das Gespann besonders hervorheben, ergänzt werden. Ein energisches, gerades Vorwärtsfahren im klassischen Sinne, Fluss- und Ruhephasen sowie ein ausgewogenes Verhältnis von klassisch gezeigten Grundgangarten in verschiedenen Tempi und Lektionen sollen den Eindruck absoluter Harmonie vermitteln. Als Gangarten werden der Schritt und der Trab vorgezogen, diese aber in allen Tempi. Galopp darf nur in der Schwierigkeitsklasse S gezeigt werden. Die Vorführung soll nicht unruhig, zu schaubetont oder möglicherweise sogar zirzensisch wirken. Zu vermeiden ist daher alles, was nicht fach- und pferdegerecht ist. Die gewählte Musik und die fahrerische Darbietung sollen harmonisch zusammenspielen, das heißt, Bewegungsabläufe und Gangarten sowie Tempi der Pferde sollen Rhythmus und Tempo der Musik widerspiegeln. Selbstverständlich muss die Musik zum vorgestellten Pferdetyp passen. Ein Shetlandpony-Gespann beispielsweise wird sich gut mit Kinderliedern präsentieren, während ein Noriker-Gespann mit der Musikuntermalung durch ein barockes Quartett nicht unbedingt harmonisch wirkt, ländliche Blasmusik wäre hier sicher angebrachter. Als Kutschen sind alte restaurierte Wagen neuen vorzuziehen, soweit sie den Sicherheitskriterien entsprechen. Zweck dieser Prüfung ist es ja, die Gespannkultur wiederzubeleben und den alten Kutschenbeständen zu neuem Glanz zu verhelfen.

Die Ergebnisse werden von den beurteilenden Richtern in zwei getrennten Noten festgehalten: die Note A für die equestrische Leistung, die Note B für die musikalische Leistung. Die Summe aus beiden Noten ergibt dann die Endnote.

Bei den neuen Kürprüfungen für Gespannfahrer sind original restaurierte Kutschen (wie dieser Schiffslandauer) gerne gesehen (Privatsammlung Michelfeit, Laxenburg).

Der Spider – ob als Originalfahrzeug oder als Nachbau nach historischem Vorbild – ist auch in den Traditionswettbewerben allgegenwärtig (Kutschenbau Schlagbauer).

WETTBEWERB NEU – traditionelle Fahrkultur auf dem Prüfstand

Die Regeln der FN bezeichnen diesen Bewerb als „Traditionswettbewerb zur Pflege und Darstellung der traditionellen Fahrkultur". Hier sind in erster Linie fahrsportbegeisterte Liebhaber von gepflegten Typengepannen sowie historischen Kutschen und Geschirren angesprochen. Diese attraktiven, repräsentativen und sehr publikumswirksamen Veranstaltungen werden in Schlossparks wie in Wiesbaden, Wolfsburg, Riesenbeck oder in Arenen wie in Aachen abgehalten. Landgestüte haben hier einen besonderen Vorteil bei der Austragung, weil ihnen die hausinternen Anlagen zur Verfügung stehen. Die speziellen Anforderungen an den Veranstalter sind die Größe und das Ambiente des Platzes und der Geländestrecke. Diese muss ein gutes Geläuf aufweisen und für die Zuseher gut einsehbar sein. Außerdem muss sie vor allem für die alten restaurierten Kutschen ohne Sicherheitsrisiko befahrbar sein.

BASISWETTBEWERB
Der Traditionswettbewerb besteht aus zwei Teilprüfungen:

Teil 1: Präsentation/Gespannkontrolle
Die Wagen sollen alte historische Kutschen für den Personentransport oder Nachbauten dieser alten Kutschenmodelle sein. Andere Wagen sind nicht zugelassen. Die Beurteilung findet unter besonderer Berücksichtigung der historischen Gegebenheiten nach den Kriterien für Gespannkontrolle der FEI statt.

Teil 2: Fahrerwettbewerb
Einzel- oder Abteilungsfahren nach den Weisungen der Richter. Maßgebend sind dabei die Richtlinien der Achenbach'schen Fahrweise, die genau beurteilt werden.

ERGÄNZENDE PRÜFUNGEN
(Nach FN: „Weitere Traditionsprüfungen")
Auch diese Prüfungen sollen mit historischen Kutschen gefahren werden. Der Veranstalter muss dabei sicherstellen, dass das Geläuf dafür in allen Phasen geeignet ist.

Traditions-Gelände-Fahrwettbewerbe
Der Grundgedanke ist die Überprüfung des fahrerischen Könnens bei besonderen Anforderungen im Verkehr und im Gelände sowie des Gesamteindrucks. Die Leinen- und Peitschenführung nach dem Achenbach'schen System ist erforderlich.

Traditions-Hindernis-Fahrbewettbewerbe
Der Grundgedanke ist die Überprüfung des fahrerischen Könnens in einem vorgeschriebenen Parcours, wobei das Achenbach'sche Fahrsystem gezeigt werden muss.

Kombinationswettbewerbe
Die Kombination des Traditionswettbewerbs mit einem Geländefahrwettbewerb und/oder Hindernisfahren ist möglich.

Die Benutzung der gleichen Kutschen und des gleichen Geschirrs für alle Wettbewerbsteile ist Pflicht.

KLEINE WAGENBAUKUNDE

Der Wagenbau war durch die Jahrhunderte beeinflusst durch zahlreiche Merkmale, die zum einen durch die Funktion der jeweiligen Kutsche, zum anderen aber auch durch das jeweilige kulturelle und soziale Umfeld bestimmt waren. So kann man mit Fug und Recht behaupten, dass anhand der Entwicklung des Wagenbaues eine Technik - und Kulturgeschichte geschrieben werden könnte. Die kulturellen Merkmale einer Kutsche finden ihre Ausprägung in erster Linie in ihrer Ausgestaltung (wie zum Beispiel in Form und Ausstattung). Die technischen Merkmale einer Kutsche sind durch mechanische und materialspezifische Eigenschaften vorgegeben und können daher nur innerhalb eines gewissen Rahmens variieren. Natürlich spiegeln sie auch die technische Weiterentwicklung, zum Beispiel finden sich die Gesetze der Hydraulik in der Funktionsweise der modernen Bremssysteme für Kutschen wieder.

Der Bau einer Kutsche war und ist eine hochkomplizierte Angelegenheit, die bis ins 19. und 20. Jahrhundert einer ganzen Reihe von Handwerkszünften Arbeit und Brot bescherte. Während sich heute nur mehr eine vergleichsweise bescheidene Anzahl von Spezialisten diesem Gewerbe widmet, waren früher folgende Handwerker an dem Bau einer Kutsche beteiligt: der Gestellmacher, der Wagenbauer, der Kastenmacher, der Tapezierer, der Lackierer und der Beschneider (Linierer).

DER GESTELLMACHER

Der Gestellmacher war verantwortlich für die Fertigung des Wagenunterbaus, das so genannte Gestell. Vor allem die Eisenteile des Vorder- und Hinterwagens sowie die Federn der Kutsche, die wesentlich zu deren Sicherheit und Komfort beitrugen, wurden von ihm hergestellt.

DER WAGENUNTERBAU

Der Vorderwagen einer Kutsche besteht aus ihren Vorderrädern, der festen Bracke mit oder ohne Spielwaage und den Ortscheiten sowie aus der Deichsel. Der Drehkranz ist ein wesentlicher Bestandteil des Vorderwagens, der mit der festen Bracke fix verbunden ist. Auf dem Drehkranzunterteil des Vorderwagens wird der eigentliche Wagen (Wagenhinterteil) mit dem Drehkranzoberteil aufgesetzt. Verbunden sind die beiden Drehkranzteile durch den so genannten Reibscheit, der auch als Königsbolzen bezeichnet wird. Dieser hat die Funktion, die Drehbewegung der Vorderräder als Achse des Drehkranzes zu ermöglichen. Über den Königsbolzen wird auch die

Bei den modernen Marathonkutschen ist der Drehkranz durch ein Kugellager ersetzt.

Die Drehkranzbremse wird vom Beifahrer durch ein Rad bedient.

Zugkraft der Zugtiere auf den Wagen übertragen. Er hat daher eine essenzielle Funktion im Kutschenbau und seine Fertigung ist von entscheidender Wichtigkeit für die Sicherheit und Effizienz einer Kutsche.

Bei den heutigen Marathonkutschen ist der Drehkranz durch ein entsprechend großes Kugellager ersetzt, der Königsbolzen ist nicht mehr nötig und entfällt daher. Die Einführung des Kugellagers führte zu zusätzlichen technischen Entwicklungen: Durch die Leichtgängigkeit der Drehkränze ist bei Fahrten im Gelände, auf schlechten Wegen und bei der Benutzung der Marathonwägen in den Hindernissen während der Marathonphase des Turniergeschehens eine Drehkranzbremse nötig geworden, die vom Beifahrer durch ein Drehrad betätigt wird.

DIE FEDERUNG DER KUTSCHE

Ein wesentlicher Bestandteil aller Kutschen war und ist die Federung. In der Römerzeit kannte man noch keine Federn. Bei den Wegeverhältnissen in den Städten und überland, wie sie bis zu Beginn des 20. Jahrhunderts allgegenwärtig vorherrschten, war es ein gefordertes Anliegen der Fahrgäste, den Wagenkasten und somit den Fahrgastraum so gut wie möglich von den Stößen der Fahrbahn zu befreien, um eine möglichst angenehme Reise zu gewährleisten. Es wurden daher von den Wagenkonstrukteuren zahlreiche Versuche unternommen, dies zu bewerkstelligen, wie in der Folge noch detailliert gezeigt wird.

Letztendlich verbessert hat sich die Situation wesentlich durch die sukzessiven Fortschritte im Straßenbau. Eine der wegweisendsten Erfindungen stammt von John Loudon McAdam (1756–1836), der Anfang des 19. Jahrhunderts in England eine bis heute verwendete Methode des Straßenbaus entwickelte. Der von ihm eingeführte Straßenbelag aus Schotter mit Einschlämmung von Bindemitteln wurde nach ihm Makadam benannt. Heute sind geteerte Straßenbeläge in den meisten Ländern der Welt eine Selbstverständlichkeit.

Zur selben Zeit wurde damit begonnen, in den bebauten Gebieten Pflasterungen vorzunehmen: Granitsteine und Holzstöckelpflasterungen, in manchen Regionen Europas auch Klinkerziegel, wurden für die Straßenbeläge verwendet.

All dies trug dazu bei, den Komfort der Reisenden und auch die Reisegeschwindigkeit zu erhöhen.

DIE GEBRÄUCHLICHSTEN FEDERN UND IHRE VERWENDUNG

Die Federung stellt ein Element zwischen den Radachsen und dem Wagenkasten dar. Auf dem Wagenunterbau (Gestell) waren vier Pfosten angebracht und der Wagenkasten wurde mit starken Lederriemen auf diesen Pfosten aufgehängt. So war zumindest eine leichte Abschwächung der Straßenstöße auf den Fahrgastraum gegeben.

Die Pfosten ersetzte man in späterer Zeit durch Blattfedern. Diese Federn hatten vorerst eine **S-Form**, später wurde die **C-Form** die gebräuchlichste. Der Wagenkasten war weiterhin mit Lederriemen auf den Federn aufgehängt. Das Spannen und Nachspannen dieser Lederriemen erfolgte durch Kurbeln. Um das Nachspannen auch außerhalb der Werkstätten vornehmen zu können, wurden bei besonderen Fahrzeugen Spannvorrichtungen an den Federn angebracht. Diese nannte man Winden. Sie verhinderten beim Spannvorgang das Rückwärtslaufen des zu spannenden Riemens.

Mit der technologischen Weiterentwicklung wurde die Qualität des Federstahls immer besser. So konnten die **Druckfedern** an das Gewicht des Wagens angepasst werden. Die Federblätter wurden in Paketen vereint und durch Spangen zusammengehalten und diese Federpakete mit Federbändern auf die Achsen geschraubt und sodann mit Federträgern, Federschuhen und Flanschen mit dem Kasten verbunden. Besonders eingesetzt wurden und werden die Druckfedern seit der Entwicklung selbsttragender Wagenkästen. Die selbsttragenden Kästen konnten auf das Gestell mit Langbaum verzichten, wodurch sich das

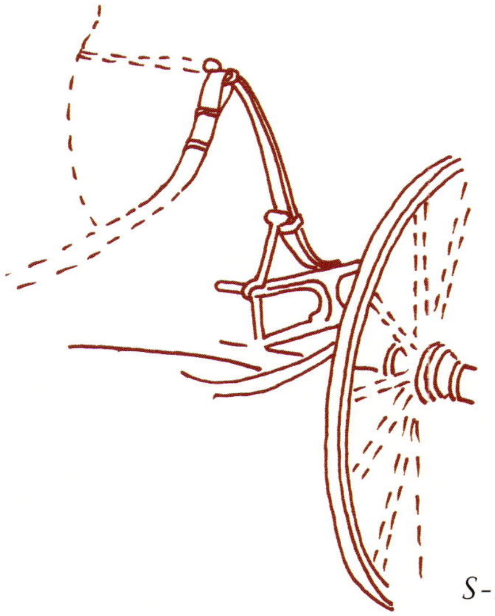

S-Feder

C-Feder (Kutschenmuseum Laa an der Thaya)

C-Feder rechts

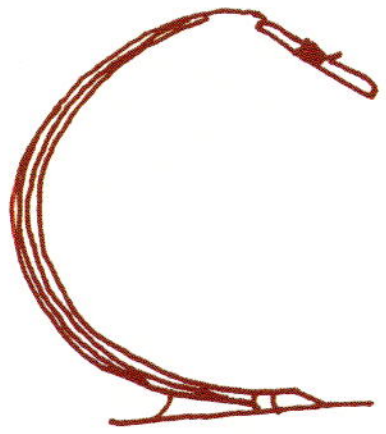

C-Feder mit Winde

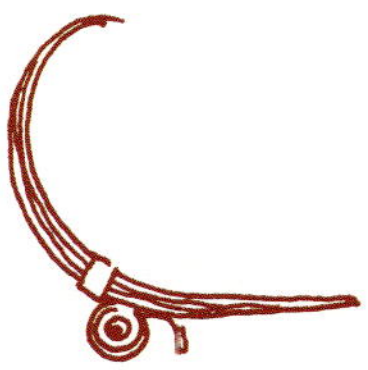

C-Feder links

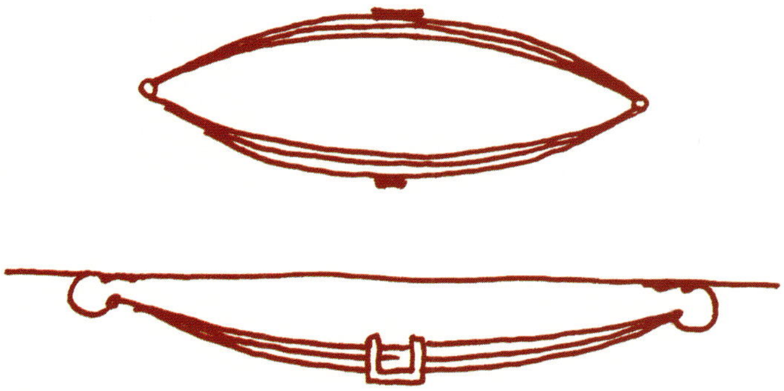

Doppelelliptikfeder

Einfache oder gestreckte Feder

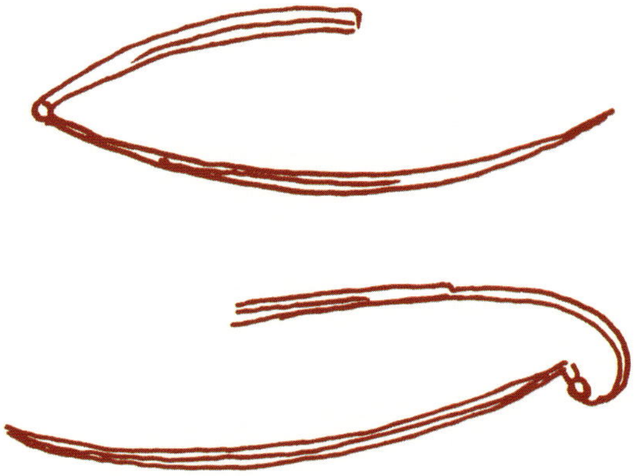

Halbelliptikfeder (wird im englischen Sprachraum auch Dreiviertel-Elliptikfeder genannt)

Gewicht der Kutschen wesentlich verringerte. Die klassische Druckfeder hat eine **Ellipsenform.** Sie besteht aus zwei spiegelverkehrten Federpaketen und ist sowohl auf der Achse als am Wagenkasten befestigt.

Dem Erfindungsreichtum der Gestellmacher waren keine Grenzen gesetzt. Aus der klassischen Elliptikfeder entstand durch Weglassen der Hälfte dieser Doppelfeder eine einfache Druckfeder – die **Halbelliptikfeder.** Auch weitere Formen wurden entwickelt, so zum Beispiel die **Dreiviertel-Elliptikfeder.**

Doppelelliptikfeder

Druckluftfeder bei der modernen Sportkutsche

In neuester Zeit werden für verschiedene Einsatzzwecke auch Druckluftfedern mit und ohne Stoßdämpfer verwendet, dies vor allem bei Marathon- und Ausbildungswagen. Bei Letzteren ist die möglichst komfortable Ausstattung sowohl für die Schüler als auch für die Ausbilder, die zum Teil viele Stunden pro Tag auf dem Kutschbock verbringen müssen, von Vorteil.

Abschließend zum Thema Federn ist noch zu sagen, dass die genannten Federtypen in den verschiedensten Kombinationen eingesetzt wurden. Erwähnt seien diesbezüglich die Dennett-Federung, Tilbury-Federung, Parallelogrammfederung und etliche Mehrfederungssysteme, wie sie in den verschiedensten Ländern gebräuchlich waren und noch immer sind.

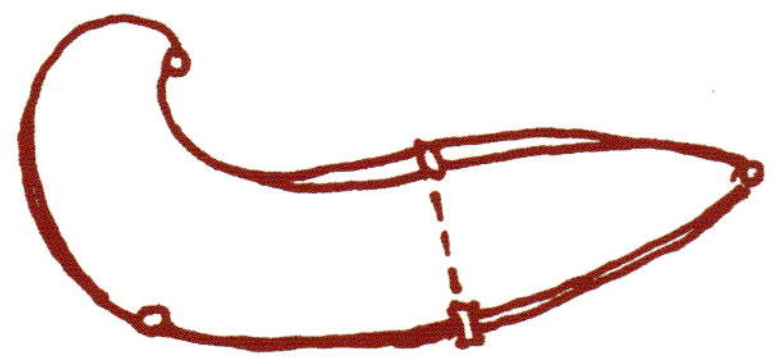

Bügel-C-Feder

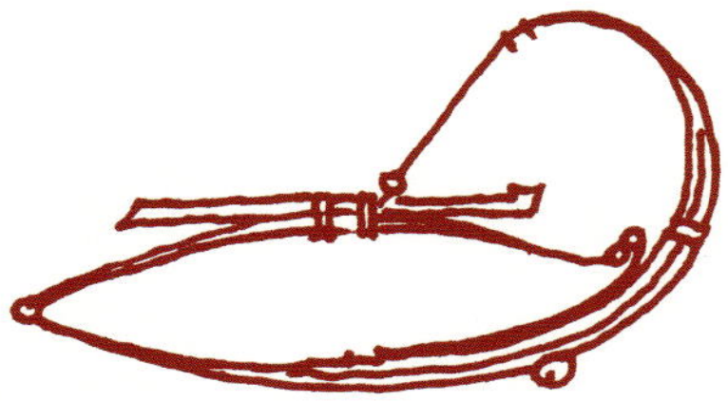

Bügel-C-Feder mit Schnallriemen

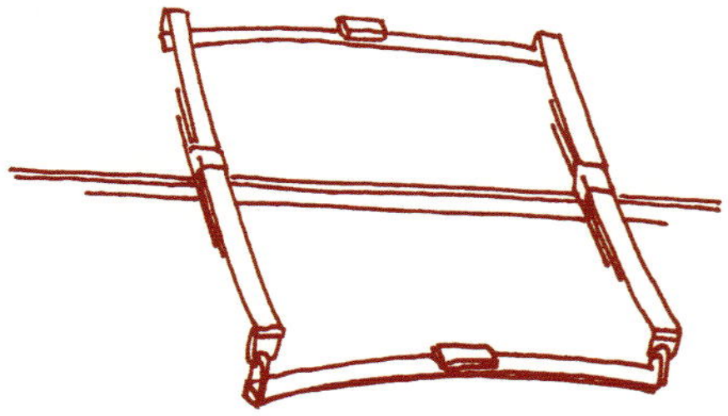

Parallelogrammfeder

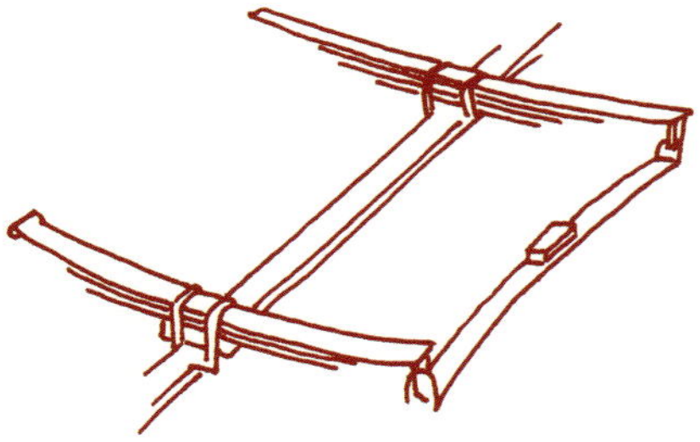

Denuett-Federung

DIE BREMSEN

Die Bremse ist seit jeher ein unverzichtbarer technischer Bestandteil jeder Kutsche, wurde doch bereits in frühester Zeit klar, dass jede Beschleunigung auch die Möglichkeit der Verlangsamung beinhalten muss. Sei es das Feststellen des Wagens während einer längeren Pause, das Abbremsen des Gefährts bei Bergabfahrten, um seine Zugtiere vor Verletzungen zu schützen, oder das „therapeutische“ Bremsen, um den allzu übermütigen Vierbeinern das Davonstürmen mit Kutsche und Insassen zumindest zu erschweren – die Bremse ist für den Kutschenbenützer lebenswichtig und hat daher die Phantasie der Kutschenkonstrukteure stets in hohem Maße beschäftigt. Auch heute noch befassen sich die Kutschenhersteller mit diesem Thema: vor allem deshalb, weil sich die Anforderungen durch die heutige Verkehrssituation und die Anforderungen an die Kutschen im Turniergeschehen wesentlich von früheren unterscheiden.

Bremsentypen nach technischen Gegebenheiten

Schleifhölzer

Einfache, historische Bremsvorrichtung. Rechts und links vom Wagenkasten an so genannten Kobelwagen waren Verzögerungshölzer angebracht, die eine Bewegung der Räder im Bedarfsfall verlangsamen sollten. Diese Art der Bremse war nicht immer sehr effizient. Erwähnt ist diese Bremsvorrichtung in dem Werk von Fausto Veranzio „Machinae novae“, 1615. Auch in einem Werk aus 1848 wird die Schleifstütze noch als gebräuchlich erwähnt.

Bremsschuh

Der Bremsschuh war über viele Jahre hinweg sehr gebräuchlich. Er wurde vor allem bei Reisekutschen eingesetzt. Höfische Reisewagen, Postkutschen und alle Fahrzeuge, die auf Straßen mit starkem Gefälle unterwegs waren, setzten solche gusseisernen Bremsschuhe beim Bergabfahren ein, die an einer am Langbaum angebrachten schweren Kette befestigt waren. Beim Bergabfahren wurde nun der Bremsschuh unter eines der Hinterräder gelegt. Dadurch erreichte man ein Blockieren des Hinterrades und damit die erwünschte Bremswirkung.

Bergbremse

Die Bergbremse besteht aus einem Stab, der an einem Ende eine Metallspitze trägt. Das Ende des Stabes ist mit einer starken Kette am Langbaum befestigt, während der spitze Teil durch einen Riemen hinter der Hinterachse versorgt ist. Beim Bergauffahren wird der Stab aus seinem Aufbewahrungsriemen ausgefädelt, sodass er unter dem Wagen mitschleift. Wenn

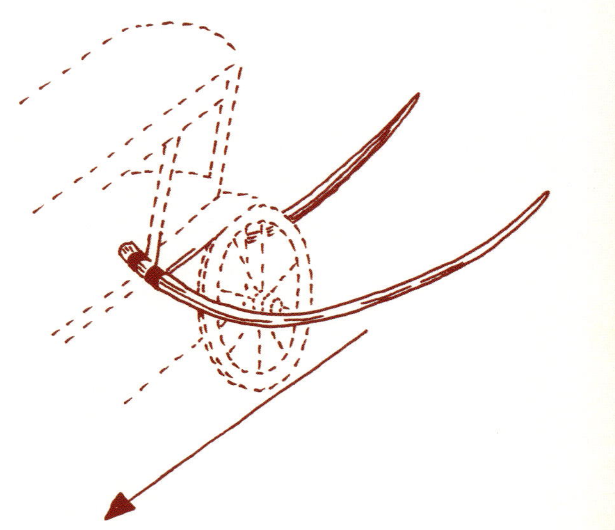

Schleifhölzer waren eine primitive Bremsvorrichtung.

Bremsschuh (Kutschenmuseum Laa an der Thaya)

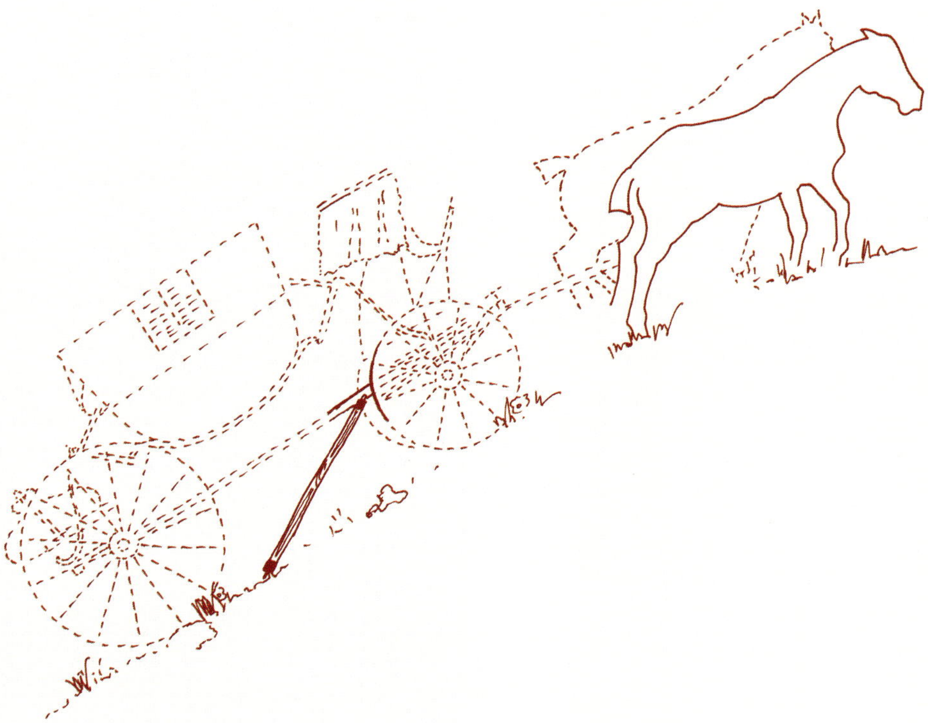

Bergbremse

nun die Pferde ermüden, stehen bleiben und rasten müssen, rollt der Wagen etwas zurück. Der Stab bohrt sich in die Fahrbahn und hält den Wagen auf. Damit nimmt er den Zug von den Geschirren und die Pferde können ohne Last entspannen. Wenn die Pferde dann wieder anziehen, löst sich der Stab von der Fahrbahn und wird weiter mitgeschleift. So erreicht man mit dem Wagen die Bergkuppe, wo der Stab wieder mit dem Versorgungsriemen unter der Hinterachse befestigt wird.

Außenbackenbremse (Klotzbremse)

Eine der häufigsten Bremsvorrichtungen im Kutschenbau. Diese Vorrichtung wurde bei fast allen Fahrzeugen angewendet. Sei es der bäuerliche Leiterwagen, die Reisekutsche oder das Galafahrzeug, immer wieder findet man bei den historischen Fahrzeugen die Außenbackenbremse. Diese Bremsart findet auch heute noch bei Dressurkutschen als Feststellbremse Verwendung. Es handelt sich um eine mechanische Bremse, bei der ein Reibkörper von außen an ein rotierendes Teil gepresst wird (in unserem Fall an die Kutschenräder) und dieses durch Reibungswiderstand verzögert. Bei den unterschiedlichsten Reise- und Galakutschen im 16. und 17. Jahrhundert wurden die Bremsen von den mitfahrenden Lakaien betätigt, indem sie die hinter dem Wagenkasten angebrachten Kurbeln – meist zwei an der Zahl – bedienten.

Außenbandbremse

Diese Bremsenart stellte im Kutschenbau ein Novum dar. Sie wurde 1835/36 in London entwickelt, fand aber nur geringe Anwendung. Trotzdem sei sie hier erwähnt, weil es Museumsstücke gibt, bei denen diese Bremsvorrichtung zu beobachten ist. Nebenbei bemerkt, findet diese Art der Bremsen heutzutage im Aufzugsbau ein weites Anwendungsgebiet.

Innenbackenbremse

Die Innenbackenbremse war bis zur Ablösung durch die Scheibenbremse die alltäglichen Bremsvorrichtung bei Kraftfahrzeugen und bedarf daher keiner großartigen Erläuterung. Es handelt sich dabei um so genannte Trommelbremsen, die folgendermaßen funktionieren: Der sich mit dem Rad drehende Bremskörper hat die Form einer Trommel, an deren inneren Radius die Reibkörper gepresst werden, die ihn und damit das Rad verzögern. Die Innenbackenbremse fand im Kutschenbau keine verbreitete Verwendung.

Scheibenbremse

Alle heute verwendeten neuen Kutschen sind mit Scheibenbremsen ausgerüstet. Die Scheibenbremse ist ein Bremssystem, bei der eine

Moderne Kutsche mit Scheibenbremse und Luftfederung

sich mit dem Rad drehende Scheibe verzögert wird, indem hydraulisch über Fußpedale betätigte Reibkörper von beiden Seiten an sie gepresst werden. Sie findet Anwendung in allen gängigen heutigen Kutschenmodellen, sei es die Dressurkutsche, der Marathonwagen oder auch der Gesellschaftswagen. Der heutige Verkehr auf den öffentlichen Straßen zwingt zu raschem Einsatz von äußerst effizienten Bremsvorrichtungen, was nicht immer als Vorteil für die eingespannten Pferde zu sehen ist. Auch im Sport sind die Anforderungen an das Bremsvermögen der Fahrzeuge stark gestiegen. Die Scheibenbremsen bieten hier das Maximum an Bremskraft, das heute möglich ist. Betätigt werden die Scheibenbremsen über zwei vor dem Fahrersitz angeordnete Pedale: eines für die Vorderräder und eines für die Hinterräder. Hierbei ist ein gewisses Einfühlungsvermögen des Fahrers nötig, da zu starkes Abbremsen der Vorderräder zu unliebsamen Überraschungen führen kann – bis zum Umkippen des Wagens! Die Feststellbremsen hingegen werden auch heute noch gerne als Außenbackenbremsen, wirkend auf die Hinterräder, ausgeführt.

Bremsen über Geschirrteile

Das Abbremsen des nachschiebenden Wagens erfolgt in diesem Fall im Allgemeinen durch die eingespannten Zugpferde.

Beim Einspänner-Einachserwagen sind keine Bremsen vorgesehen, da es hier beim starken Abbremsen der Räder zu Instabilitäten des Fahrzeugs kommen kann. In diesem Fall wird die Bremskraft über das Hinterzeug auf die Hinterhand des Pferdes übertragen, was eine vorhergehende gründliche Ausbildung des Pferdes voraussetzt. Der Umgang ist mit den beiden Scherriemen an den Scheren (auch Ansen genannt) so befestigt, dass beim Bremsen der nötige Spielraum zwischen der Hinterhand und dem Umgang verschwindet und dieser den Druck auf die Hinterhand des Pferdes weitergibt. Das Pferd hält somit den nachschiebenden Wagen mit der Hinterhand auf.

Beim Zweispänner kann dieses Aufhalten des schiebenden Wagens je nach Anspannungsart auf verschiedene Art erfolgen. Beim Brustblattgeschirr wird es durch die Halskoppel, beim Kumtgeschirr durch den Sprungriemen bewerkstelligt. Für beide Geschirrarten gibt es die Möglichkeit, wie beim Einspänner ein Hinterzeug zu verwenden. Die Wirkung ist ähnlich der beim Einspänner, nur wird statt der Scherriemen beidseitig ein zusätzlicher Strang in die große Strangschnalle eingeschnallt. Die Bremswirkung entsteht, wenn der nachschiebende Wagen das Brustblatt beziehungsweise das Kumt nach vorne zieht. Auch in diesem Fall legt sich der Umgang auf die Hinterhand der Zugtiere und die Pferde nehmen die Schubkraft des Wagens mit der Hinterhand auf.

Bremsentypen nach Betätigung

Handbetätigung

Bis in die heutige Zeit waren alle Kutschen mit Backenbremsen versehen. Diese wurden vom Kutscher, in Ausnahmefällen von den mitfahrenden Lakaien, von Hand betätigt. Die Backen, meistens Eschenholzklötze, wurden mechanisch über ein Gestänge an die Oberfläche der Hinterräder gedrückt und dadurch die Bremswirkung erzielt. Derartige Bremsvorrichtungen werden noch heute als Feststellbremse eingesetzt, die das Rollen des abgestellten Wagens verhindert.

In der Straßenverkehrsordnung ist eine Feststellbremse bei jeder Kutsche zwingend vorgeschrieben. Bei abgestelltem Fahrzeug und eventuell ausgespannten Pferden darf der Wagen nicht selbstständig in Bewegung kommen.

Je nach Betätigungsart unterscheidet man bei den Handbremsen:

- ***Druckbremse:*** Der Bremshebel wird vom Fahrer in Richtung Pferde gedrückt.

- ***Zugbremse:*** Der Bremshebel wird vom Fahrer zu sich herangezogen. Diese Art der Betätigung hat den Vorteil, dass bei einem scharfen Bremsvorgang die Leinen in der linken Hand und der Bremshebel in der rechten Hand des Fahrers in die gleiche Richtung gezogen werden. Dies ist für den Fahrer angenehmer und leichter zu bewerkstelligen als die Bewegungsabfolge bei der Druckbremse, bei der es zu einer Gegenbewegung kommt. Die Leinen anzuziehen und gleichzeitig den Bremshebel vom Fahrer wegzudrücken ist nicht immer ganz einfach und kann in Extremsituationen zu Fehlreaktionen führen, die selten ohne Folge bleiben.

Druckbremse

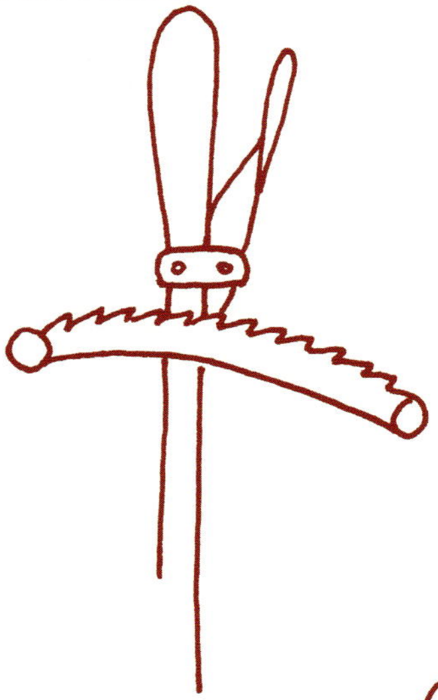

Zugbremse

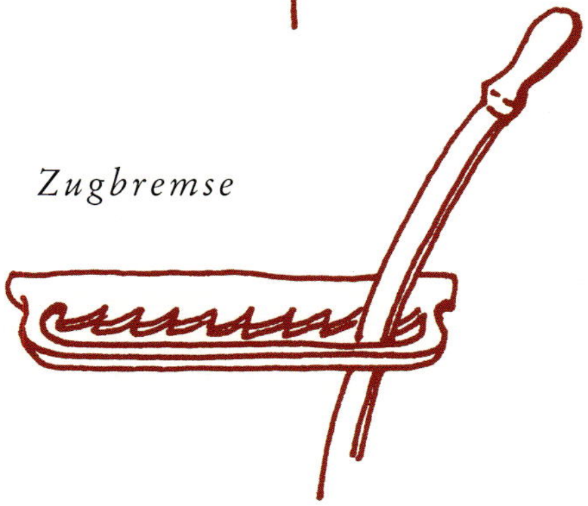

Kurbelbremse

Handradbremse

- ***Kurbelbremse:*** Die Kurbelbremse verwendet eine Kurbel, die der Fahrer mit der rechten Hand bedient. Es handelt sich um eine Spindel, die das Bremsgestänge so betätigt, dass sich die Bremsbacken anlegen.

- ***Handradbremse:*** Die Spindelbetätigung wird mittels eines Handrades statt der vorher erwähnten Kurbel vorgenommen. Scherzhaft wird auch vom „fünften" Rad am Wagen gesprochen.

Handradbremse

Fußbremse
Fußbremsen wurden erst mit den Nachbauten alter Kutschen seit den frühen 50er-Jahren des 20. Jahrhunderts eingeführt. Aus dem Automobilbau bekannte hydraulische Bremseinrichtungen kommen seither in den Dressur- und verstärkt bei den Marathonkutschen zur Anwendung.

Scheibenbremse
Bei der Scheibenbremse handelt es sich, wie schon im vorhergehenden Abschnitt erwähnt wurde, um ein hydraulisches Bremssystem, das zu Beginn des 20. Jahrhunderts für den Automobilbau entwickelt wurde, aber erst seit den 50er-Jahren verbreitet in Gebrauch ist. Es ist meistens mit zwei Pedalen ausgestattet: Eines wirkt auf die Vorderräder, eines auf die Hinterräder. Der Gebrauch dieser Bremssysteme ist gewöhnungsbedürftig. Anders als im Automobil ist kein automatischer Ausgleich der Bremskräfte auf die Vorder- und Hinterachse gegeben. Bei zu starkem Bremsen mit den Vorderrädern kann es leicht zu Instabilitäten des Fahrzeuges kommen. Ein Umkippen des Wagens ist dann leicht möglich.

DER WAGENBAUER

Der Wagenbauer war für die Fertigung der Räder einer Kutsche verantwortlich.

DIE RÄDER DER KUTSCHE

Das Rad besteht aus der Nabe, auch Haufen genannt, den Speichen, den Felgen und dem Eisenreifen, der dem Rad Halt und Stabilität gibt. Die Lauffläche wurde dadurch zusätzlich vor übermäßiger Abnützung geschützt. Ende des 19. Jahrhunderts zog man auch Hartgummireifen auf, die eine größere Laufruhe ermöglichten. Dies war aber erst möglich, seit die Straßenoberflächen in den Städten wesentlich verbessert wurden. Für Überlandfahrten verwendete man weiterhin Eisenreifen. Oft gab es für jedes Fahrzeug zwei Garnituren Räder, eine mit Eisenreifen und eine mit Hartgummireifen. Bei manchen bäuerlichen Fahrzeugen sind Eisenreifen auch heute noch im Gebrauch.

Die Nabe wird aus Eschenholz gefertigt und bereits vor dem Trocknen grob aus dem Stamm ausgeschnitten und mit der Bohrung versehen, welche später die Achse aufnimmt. Durch diese Vorarbeiten ist die Austrocknung der Nabe besser gegeben. Für die Speichen verwendet man junges Eichen- oder Eschenholz. Um den Rädern größere Festigkeit zu geben, sind die Speichen versetzt angeordnet. Die Felgen bestehen gewöhnlich aus Buchenholz. Beim Aufschneiden der Felgenhölzer ist darauf zu achten, dass die gewachsenen Fasern der Länge nach in den Felgenhölzern verbleiben. Der eiserne Radreifen wird nach dem Zusammenbau des Rades warm auf den Felgenkranz aufgezogen.

Eine besondere Entwicklung haben auch die Achsen erfahren und es würde den Rahmen dieses Buches weit sprengen, wollte man alles auf diesem Gebiet beschreiben.

Daher sollen nur einige Stichworte die Vielfalt der Achskonstruktionen veranschaulichen: Schmierachse, Mail-Patentachse, Colling-Patentachse, Stummelachse, Patentachse und Halbpatenachse mit Gleithülsen, Kugellagerachse und viele mehr sind im Kutschenbau zur Anwendung gekommen. Anhand dieser Achsenformen ließe sich eine eigene Technikgeschichte verfassen, wobei auch noch die verschiedensten Befestigungsvarianten der Naben auf diesen Achskonstruktionen berücksichtigt werden müssten.

DER WAGENHEBER

Im Kutschenmuseum in Laa an der Thaya in Österreich ist ein seltenes Exemplar eines Wagenhebers aus der Mitte des 19. Jahrhunderts ausgestellt. Dieses Gerät aus Holz wurde zum Anheben der Fahrzeugachsen verwendet. Man konnte so die Räder abziehen, die Nabe von Schmierfett und eingetretenem Schmutz reinigen, Nabe und Achsen mit neuem Schmierfett versehen und das Rad wieder aufstecken. Dann war das Fahrzeug neuerlich einsatzbereit.

Für diese eher ungeliebte Arbeit wurden eigene Leute beschäftigt – die so genannten Schmierer. Die Bezahlung der Schmierer war dem Kutschenbesitzer überlassen, er hatte Schmiergeld zu bezahlen. Wenn die Höhe des Entgeltes den Vorstellungen des Schmierers

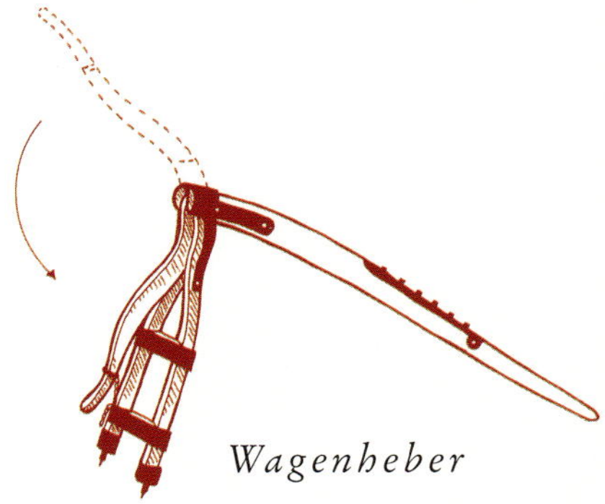

Durch die Hebelwirkung des Wagenhebers wurde die Achse angehoben und die Räder konnten abgenommen werden (Kutschenmuseum Laa an der Thaya).

nicht entsprach, wurde die Arbeit schlampig oder nicht korrekt ausgeführt. In einem solchen Fall kam es dann zu Verreibungen der Räder, was für den Kutschenbesitzer zu erheblichen Schwierigkeiten führte. In abgewandeltem Sinn ist der Ausdruck Schmiergeld auch heute noch in Verwendung.

Das Gerät selbst beruhte auf mehrfacher Anwendung des Hebelgesetzes. Ein langer Stock, der drehbar mit einem Handhebel verbunden ist, wurde unter die Achse geschoben. Beim Absenken des Handhebels wurde dieser Stock nun unter der Last angehoben. Die Konstruktion war so gestaltet, dass nach dem völligen Absenken des Handhebels eine Selbstsperre eintrat, wodurch ein unkontrolliertes Absenken der Achse verhindert wurde. Gesichert war der Wagenheber noch zusätzlich durch eine am Gestell eingehängte Kette.

DER KASTENBAUER

Der Kastenbauer fertigte den eigentlichen Wagenkasten, der, zumindest nach außen hin, das Herzstück der Kutsche darstellt. Die eingesetzten Werkstoffe mussten von erlesener Qualität sein, da ihre mechanische Beanspruchung besonders hoch war. Die gebräuchlichsten Holzarten waren Eiche, Buche, Esche, Pappel, Akazie, Mahagoni und Hickory. Der Wagenkasten wurde durch eine kunstfertige Kombination der verschiedenen Holzarten zu einem verwindungsfreien Ganzen geformt.

Das Holz wurde jahrelang natürlich getrocknet, bevor man es verarbeitete. So verhinderte man, dass nachträgliches Schrumpfen der einzelnen Teile zu offenen Fugen und damit zu Sicherheitsmängeln führte, ganz abgesehen davon, dass sichtbare Risse im Wagenkasten auch der Schönheit der Kutsche abträglich gewesen wären.

Die Deichselstangen wurden nach dem Fällen und Entrinden der Bäume wochenlang in fließendes Wasser gelegt, um das Lignin aus dem Holz herauszuwaschen. Lignin ist der Nährstoff für den Holzwurm, der jedes Holz porös und brüchig macht, wohingegen ligninfreies Holz keinen Befall durch den Holzwurm kennt. Dies ist besonders bei den Deichselstangen, die zum Teil extremen Zug- und Druckbelastungen ausgesetzt sind, ein wesentlicher Sicherheitsaspekt. Deichselstangen hängte man zum Trocknen stets senkrecht mit der Spitze nach oben auf, wodurch sie durch ihr Gewicht und die Einwirkung der Schwerkraft immer gerade blieben. In guten Remisen werden aus diesem Grund auch heute noch die hölzernen Deichseln an Deckenhaken aufgehängt.

DER TAPEZIERER

Sobald der Kastenmacher den Rumpf der Kutsche fertig gestellt hatte, kam der Tapezierer auf den Plan. Er war für die Innenausstattung verantwortlich, deren Stil sich nach der Art der Kutsche und dem Geldbeutel des Auftraggebers richtete.

Der Linierer gestaltete mit grafischen Mustern das Äußere der Kutsche.

DER LACKIERER

Durch das Lackieren mit Speziallacken wurde der Kutsche ihr äußerer Glanz verliehen. Da die Kutschen Einzellanfertigungen waren, eine Massenfertigung setzte erst Ende des 19. Jahrhunderts aus Amerika kommend ein, war jeder Wagenkasten vom Auftraggeber bestimmt. Dies betraf vor allem die Farbgebung und die Innenausstattung. Die Mischung der verwendeten Lacke variierte von Betrieb zu Betrieb und wurde streng geheim gehalten, musste die Lackierung doch auch im getrockneten Zustand eine gewisse Elastizität aufweisen, um Risse in der Lackierung zu vermeiden. Je nach Budget des Auftraggebers und dem vorgesehenen Einsatzgebiet der Kutsche (einfacher Doktorwagen, Prunkkutsche, Postkutsche und so weiter) stellte die Außengestaltung des Wagenkastens an den Lackierer hohe Anforderungen, war er es doch, welcher der Kutsche ihr endgültiges äußeres Erscheinungsbild und damit auch ihr Prestige verlieh. Das Lackieren wurde daher sehr ernst genommen und umfasste folgende Einzelschritte:

- das Grundieren
- das Spachteln, Schleifen und unter Farbe bringen
- das Couleur-Streichen
- das Lasieren und Vorlackieren
- das Absetzen
- das Unterziehen (Beschneiden oder auch Linieren)

DER LINIERER

Der Linierer verleiht auch heute noch dem Aussehen der Kutsche den letzten Pfiff. Er ist im Grunde ein hoch spezialisierter Lackierer, der mit feinsten Strichen und grafischen Mustern das Äußere der Kutsche gestaltete. Um diese feinen geraden Striche ziehen zu können, bedient man sich eines Pinsels mit überlangen Haaren, der Schlepper genannt wird. Es gibt ihn in verschiedenen Breiten, dadurch können verschiedene Strichstärken erzeugt werden. Verwendung findet zum Beschneiden auch das Beschneiderädchen. Dieses Werkzeug ist ähnlich einem Kugelschreiber und ermöglicht es, besonders feine Linien an fast unzugänglichen Stellen anzubringen.

Sattler und Riemer sorgten für den weiteren Ausbau des Wagens. Auch hier galt und gilt das Augenmerk der feinen Abstimmung der Farben und Werkstoffe mit dem zu erstellenden Fahrzeug. Die mit Leder überzogenen Kotschützer, die ledernen Klappdächer mit Vorfall, Spritzdekken und vieles mehr runden das Gesamtbild der Kutsche ab.

Anhang

KRITERIEN ZUR EINTEILUNG VON KUTSCHEN

Es ist nicht ganz einfach, die Gesamtheit der europäischen Kutschen einer allgemein gültigen Einteilung zu unterwerfen. In vielen Fällen kommt es zu Überschneidungen, begründet in der Tatsache, dass der Kutschenbau in Europa stets vom Individualismus geprägt war.

Einige Kutschenbauzentren jedoch haben sich (wie schon in den vorangehenden Kapiteln ausführlich dargestellt) besonders durchgesetzt. Ausgehend von England, der Wiege des Kutschenbaues im beginnenden 19. Jahrhundert, hat sich die Beeinflussung durch den englischen Stil bis in das 20. Jahrhundert fortgesetzt. Andere Zentren waren Paris, Mailand, Rom und Wien. Manche Kutschenfabrikanten gaben sogar Musterbücher heraus, um ihren Kunden zu zeigen, welche schier unerschöpflichen Möglichkeiten bei der Bestellung einer Kutschen bestanden. Letztendlich war aber trotzdem jede Kutsche ein Unikat. Erst Ende des 19. Jahrhunderts begannen Fabriken Einzelteile für die Herstellung von Kutschen in größeren Stückzahlen zu fabrizieren. Es handelte sich dabei um Achsen, Drehkränze, Beschläge und so weiter. Trotzdem blieben die Kutschen an sich Einzelanfertigungen, ausgerichtet auf den Besteller. Eine Massenproduktion setzte, ausgehend von Amerika, erst im späten 19. Jahrhundert ein und beschränkte sich auf Modelle amerikanischen Stils. Selbst die heutigen Kutschenhersteller, die auf die Produktion von Turnierfahrzeugen spezialisiert sind, pflegen nach wie vor die Individualität der Ausfertigung vor allem der Dressurkutschen. Jeder Erwerber einer Kutsche möchte auch im 21. Jahrhundert seine Individualität gewahrt sehen und ist, die nötigen pekuniären Mittel vorausgesetzt, bestrebt, keine Einheitskutsche zu besitzen.

Trotz all dieser Einflüsse soll hier der Versuch unternommen werden, eine Übersicht über jene objektiven Kriterien zu geben, anhand derer Kutschen erkannt, bezeichnet und in ein System eingeordnet werden können.

Kutschen können nach folgenden Merkmalen eingeteilt und unterschieden werden:

- **nach der Art der Steuerung** (Wagen, die vom Sattel aus gefahren werden; Wagen, die vom Kutschbock aus gefahren werden)
- **nach der Anzahl der angespannten Pferde** (ein-, zwei- oder mehrspännig zu fahrende Wagen)
- **nach dem Einsatzbereich** (Stadtwagen, Parkwagen, Landwagen, Reisewagen, Jagdwagen, Sportwagen et cetera)
- **nach der Person des Fahrers** (vom Kutscher zu fahrende Wagen, vom Besitzer zu fahrende Wagen, so genannte Selbstfahrer)
- **nach der Anzahl der Räder** (Zweirädrige und vierrädrige Wagen)
- **nach Konstruktionsmerkmalen** (selbsttragende Kästen, Langbaumwagen)
- **nach der Bestimmung für offizielle Anlässe** (Prunkwagen, Galawagen, Halbgalawagen)
- **nach Typen** (Prunkwagen, Reisewagen, Coach, Drag, Break, Phaeton, Jagdwagen, Dog-Cart, Landauer, Victoria, Mylord, Gig, Tilbury, Coupe et cetera)

Die Vielzahl dieser Kriterien zeigt, dass ein allgemein gültiges „System der Kutschen" wohl nur sehr schwer aufgestellt werden kann. Letztendlich bleibt jeder Versuch, eine Klassifizierung zu erstellen, stets dem persönlichen Ermessen des jeweiligen Autors überlassen. Daraus resultieren auch die häufigen Unsicherheiten in der Zuordnung einer bestimmten Kutsche in eine spezielle Kategorie. Bei jedem Versuch einer Einteilung ist stets zu berücksichtigen, dass es zwischen den Kategorien immer Überschneidungen gibt. Darüber hinaus haben einzelne Kutschenhersteller in verschiedenen Ländern die Bezeichnungen für ihre Produkte unterschiedlich verwendet, woraus sich häufig auch eine sprachliche Verwirrung ergeben kann, was eine Einteilung nicht einfacher macht.

DIE ANSPANNUNGSARTEN

AUS DEM SATTEL GEFAHREN

a. **Einspänner** (vor dem Reiter, der auf einem mit Kandare gezäumten Pferd sitzt, ist ein Fahrpferd vorgespannt)

b. **Tandem** (vor dem Reiter, der auf einem mit Kandare gezäumten Pferd sitzt, sind zwei Fahrpferde hintereinander vorgespannt)

c. **Random** (vor dem auf Kandare gezäumten Pferd, auf dem ein Reiter sitzt, sind drei Fahrpferde vorgespannt)

d. **Zweispänner** (vor dem Reiter, der auf einem mit Kandare gezäumten Pferd sitzt, sind zwei Fahrpferde nebeneinander vorgespannt)

VOM KUTSCHBOCK GEFAHREN

(ein- und zweiachsige Wagen)

Ein Pferd:

e. **Einspänner** (ein Scherenpferd)

Zwei Pferde:

f. **Tandem** (ein Scherenpferd, ein Vorauspferd)

g. **Curricle** (Einachserwagen zweispännig gefahren)

h. **Zweispänner** (zwei Pferde nebeneinander)

Drei Pferde:

i. **Random** (ein Scherenpferd, zwei Vorauspferde hintereinander)

j. **Dreispänner** (drei Pferde nebeneinander)

k. **Troika** (drei Pferde nebeneinander. Das Mittelpferd ist ein Traber, die beiden äußeren Pferde sind Galopper. Letztere sind so ausgebunden, dass sie links beziehungsweise rechts galoppieren.)

l. **Unicorn** (zwei Stangenpferde und ein Vorauspferd), auch Einhorn genannt

m. **Verkehrtes Unicorn** (ein Scherenpferd und zwei Vorauspferde)

Vier Pferde:

n. **Vierspänner** (zwei Stangenpferde und zwei Vorauspferde)

o. **Quadriga** (einachsiger Wagen, vier Pferde nebeneinander an einer Mitteldeichsel)

Fünf Pferde:

p. **Fünfspänner- Jucker-Anspannung** (Ungarische Anspannung, zwei Stangenpferde, drei Vorauspferde)

Sechs Pferde:

q. **Sechsspänner** (zwei Stangenpferde und je zwei Paar Vorauspferde)

r. **Wildgang** (zwei Stangenpferde, vier Vorauspferde)

ANSPANNUNG À LA DAUMONT

(auf dem linken Pferd sitzt ein Reiter und führt das rechte Pferd als Handpferd)

s. **à demi Daumont** – Zweispänner (auf dem linken Pferd sitzt ein Reiter)

t. **à Daumont** – Vierspänner (auf beiden linken Pferden sitzt ein Reiter)

u. **à grand Daumont** – Sechspänner (auf dem linken Stangenpferd und auf dem linken vordersten Pferd sitzt ein Reiter. Das mittlere Pferdepaar braucht keinen Reiter).

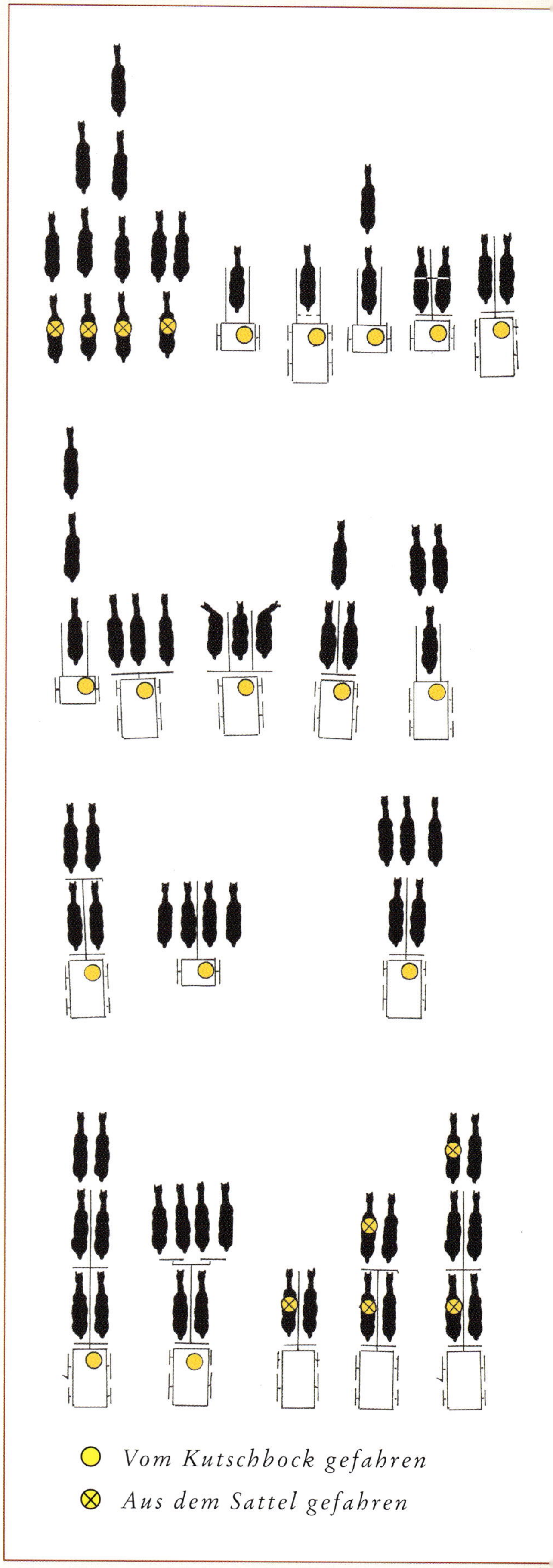

Mein Dank

Dieses Buch konnte nur durch die Mithilfe zahlreicher Institutionen, Freunde und Mitarbeiter entstehen. Sie alle aufzuzählen würde den Rahmen dieser Zeilen sprengen. Die direkt Beteiligten seien aber festgehalten und gleichzeitig herzlich bedankt für die vielen Anregungen und das zur Verfügungstellen ihres Wissens und ihrer Objekte.

Direktor Prof. Dr. Hellenkemper,
Römisch Germanisches Museum, Köln

Direktorin Dr. Monica Kunzel- Runtscheiner,
Kunsthistorisches Museum, Wien

Direktor OR. Dr. Werner Pohl,
Spanische Hofreitschule – Bundesgestüt Piber

Hofrat Dr. Georg Kugler,
Lipizzanermuseum, Wien

Direktor Wolfgang Statzer,
Kutschenmuseum, Laa an der Thaya

Komm. Rat Sepp Michelfeit,
Privatsammlung Michelfeit, Laxenburg

Martin und Mathilde Piffl,
Reitschule Gestüt St. Patrick, Heidenreichstein

Familie Gappmayr,
Freiwillige Feuerwehr Tamsweg

Herr Landstallmeister Dipl. Ing. Bert Petersen,
Dillenburg

Gustav Kühnle,
Kühnle Kutschenmanufaktur GmbH & Co. KG, Haiterbach-Beihingen

Manfred Lessing,
Fahrsport Lessing GmbH, Wiernsheim

Alois Schlagbauer,
Kutschenbau/Fahrbedarf Schlagbauer, Pöllau

Hans Meislinger,
Achenbach Sattlerei HAMA, Lochen

Wolfgang Binder,
Binder + Co AG, Maschinen- und Anlagenbau, Stahlbau, Fassadenbau, Gleisdorf

Schulrat Ing. Karl Semper und Wolfgang Steindl,
Landwirtschaftliche Fachschule Edelhof, Zwettl

Alfred Steinacher,
Laxenburg

Christian Peschl,
Tulln

Dipl.-Ing. Walter und Ullrike Dekardt,
Rappoltenkirchen

Jacqueline Zimmermann,
Wien

Christine Hofer,
Wien

*Bei der Grafikerin **Sandra Rust** bedanke ich mich für ihre eindrucksvollen Illustrationen.*

*Für die fotografische Aufbereitung der Objekte war das Fotografenteam **Sybille Rabeder/Peter Ortner** (Klosterneuburg/Österreich) zuständig. Beide haben sich in hervorragender Weise um die fotografische Umsetzung der Inhalte bemüht. Ihnen gilt für ihren Eifer und großen Einsatz mein besonderer Dank.*

*Ein besonderes Dankeschön muss auch **Brigitte Millán-Ruiz** ausgesprochen werden. Sie war es, die mich ermunterte, dieses Buch zu schreiben. Sie hat das Werden des Werkes von Anfang an begleitet und alle Ungereimtheiten, die mir unterlaufen sind, ausgeräumt. Vielen herzlichen Dank für die grandiose Zusammenarbeit!*

WEITERFÜHRENDE LITERATUR

- Achenbach, B. von: Anspannen und Fahren. Aachen: Verlag Dr. Rudolf Georgi, 1988.
- Buchta, W. M: Lohner Kutschen. Wien: Edition Tusch, 1995.
- Damase, J.: Kutschen. Stuttgart: Parkland Verlag.
- Deutsche Reiterliche Vereinigung e.V. (FN): Stilhindernisfahren und Stilgeländehindernisfahren. Warendorf: FN-Verlag, 2001.
- Deutsche Reiterliche Vereinigung e.V. (FN): Traditionswettbewerbe zur Pflege und Darstellung der traditionellen Fahrkultur. Warendorf: FN-Verlag, 2002.
- Deutsche Reiterliche Vereinigung e.V. (FN): Dressurprüfungen – Kür-Fahren. Warendorf: FN-Verlag, 2002.
- Dinkel, J.: Wagenmoden im Biedermeier. Dortmund: Harnberg Kommunikation, 1981.
- Dubey, A.: Der Fahrsport im Wandel der Zeiten. Entwicklung von 1930 bis 2000. Horb am Neckar: Geiger-Verlag, 2000.
- Edinburgh, HRH The Duke of: Competition Carriage Driving. London: J. A. Allen & Company, 1982 und 1994.
- Fruger, A.: Kutschen Europas des 19. Und 20. Jahrhunderts. Band 1. Hildesheim: Olms Verlag, 2003.
- Ginzrot, J. Ch.: Die Wagen und Fuhrwerke von der Antike bis zum 19. Jahrhundert. Gütersloh: Prisma Verlag, 1981.
- Kugler, G.: Die Wagenburg in Schönbrunn. Reihe Kunstführer Electa. Mailand, 1996.
- Kugler, G./Bihl W.: Die Lipizzaner der Spanischen Hofreitschule. Wien: Pichler Verlag, 2002.
- Lehrner, H./Parey, P.: Fahren mit Pferden: Von der Fahrkultur zum Fahrsport. Berlin/Hamburg: Paul Parey, 1991.
- Messerschmidt, W.: Die Entwicklung des vierrädrigen Wagens in der griechisch-römischen Antike. Ache Rad und Wagen, Heft 8 (2000).
- Oese, E.: Zweispännig Fahren: Anschirren, Anspannen, Fahren. Berlin: Sport Verlag, 1991.
- Pape, M.: Die Kunst des Fahrens. Stuttgart: Franckh'sche Verlagshandlung, 1966.
- Petersen, B.: Mehr als ein Jahrhundert Hessisches Landgestüt Dillenburg, Kutschenmuseum. Dillenburg: Hessisches Landgestüt, 1994.
- Sallmann, R.: Kutschen-Lexikon. Frauenfeld: Huber Verlag, 1994.
- Schönbeck, R.: Deutsche Fahrkunde. Band 2. Wiesbaden: F. Englisch Verlag, 1981.
- Täschner, P.: Universum der Reit- und Fahrkunst. Zuckelhausen bei Leipzig: Selbstverlag, 1892.
- Tóth, L.: Die ungarische Fahrkunst. Corvina Kiadó, 1988
- Treu, W.: Achse, Rad und Wagen. Göttingen: Vandenhoeck & Ruprecht, 1986.
- Welstra, T.: Das Fahrpferd und seine Ausbildung. Weggis: Iskra-Verlag, 1994.
- Wrangel, C. G.: Einiges über Fahren. Hildesheim/New York: Olms Presse, 1980.
- Wrangel, C. G.: Das Luxus Fuhrwerk. Hildesheim/New York: Olms Presse, 1982.
- Wrangel, C. G.: Das Buch vom Pferd. Band 1. Hildesheim/New York: Olms Presse, 1975.